畅销实用版

Word·Excel·PPT 现代商务办公

从新手到高手

李又东　任小康　李庆怀 / 编著

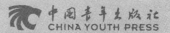
中国青年出版社
CHINA YOUTH PRESS

中菁雄狮

律师声明

北京市中友律师事务所李苗苗律师代表中国青年出版社郑重声明：本书由著作权人授权中国青年出版社独家出版发行。未经版权所有人和中国青年出版社书面许可，任何组织机构、个人不得以任何形式擅自复制、改编或传播本书全部或部分内容。凡有侵权行为，必须承担法律责任。中国青年出版社将配合版权执法机关大力打击盗印、盗版等任何形式的侵权行为。敬请广大读者协助举报，对经查实的侵权案件给予举报人重奖。

侵权举报电话

全国"扫黄打非"工作小组办公室　　　　　中国青年出版社
010-65233456 65212870　　　　　　　　010-59521012
http://www.shdf.gov.cn　　　　　　　　　E-mail: editor@cypmedia.com

图书在版编目（CIP）数据

Word/Excel/PPT现代商务办公从新手到高手 / 李又东，任小康，李庆怀编著.
—2版. — 北京: 中国青年出版社，2015.3
ISBN 978-7-5153-3106-5

I.①W… II.①李… ②任… ③李… III.①办公自动化-应用软件 IV.①TP317.1

中国版本图书馆CIP数据核字（2015）第016089号

Word/Excel/PPT现代商务办公从新手到高手

李又东　任小康　李庆怀　编著

出版发行：	中国青年出版社
地　　址：	北京市东四十二条21号
邮政编码：	100708
电　　话：	(010) 59521188 / 59521189
传　　真：	(010) 59521111
企　　划：	北京中青雄狮数码传媒科技有限公司

策划编辑：	张　鹏
责任编辑：	刘冰冰
封面制作：	六面体书籍设计　孙素锦

印　　刷：	北京联兴盛业印刷股份有限公司
开　　本：	787×1092　1/16
印　　张：	21.5
版　　次：	2015年5月北京第2版
印　　次：	2015年5月第1次印刷
书　　号：	ISBN 978-7-5153-3106-5
定　　价：	59.90元（附赠超值光盘，含教学视频与丰富素材）

本书如有印装质量等问题，请与本社联系　　电话：(010) 59521188 / 59521189
读者来信：reader@cypmedia.com　　　　　　投稿邮箱：author@cypmedia.com
如有其他问题请访问我们的网站：http://www.cypmedia.com

首先感谢您阅读本书！

随着计算机知识的普及与网络技术的飞速发展，办公自动化成为了现实，越来越多的个人、单位都已开始使用Microsoft Office软件来开展自己的工作。在微软套装软件中，使用频率最高的便是Word、Excel、PowerPoint这3个组件。为此，本书也将围绕这3个组件展开详细介绍，以帮助读者在最短的时间内熟练掌握Office 2010的相关操作，并逐步应用到日常办公中。

本书针对初学者的学习特点，在结构上采用"由简单到深入、由单一应用到综合应用"的组织思路，在写作上采用"图文并茂、一步一图、理论与实际相结合"的教学原则，全面具体地对Word/Excel/PowerPoint的使用方法、操作技巧、实际应用、问题分析与处理等方面进行了阐述，并在正文讲解过程中穿插了很多操作技巧，帮助读者找到学习的捷径。如此安排，旨在让读者学会办公软件→掌握操作技能→熟练应用于工作之中。

全书共12章，其中各部分内容介绍如下：

第01~04章：介绍了Word文档的编辑方法、图文混排功能的应用、表格的编辑与应用、SmartArt图表的应用、样式与模板的应用等。

第05~08章：介绍了Excel表格的编辑与美化，函数与公式的应用，数据的排序、筛选与分类汇总，图表的创建与美化，数据透视图/表的应用等。

第09~11章：介绍了PPT演示文稿的创建与编辑，幻灯片的编辑与设计，幻灯片动画效果的设计、幻灯片切换效果的制作，演示文稿的放映操作等。

第12章：多个办公组件之间的相互转换、文件的发送以及打印等。

随书附赠光盘内容如下。

• 6小时本书重点知识的多媒体语音视频教学；

• 4000个高效办公通用模板；

• 电脑日常故障排除与维护电子书；

• 含10000个汉字的五笔电子编码辞典；

• 价值600元的电脑基础软件，含金山毒霸、超级兔子魔法设置、一键还原精灵、五笔打字通7.6版、QQ病毒专杀工具、Windows清理助手等。

本书不仅可供想要学好Word/Excel/PPT商务办公的用户使用，还可以作为电脑办公培训班的培训教材或学习辅导书。本书由李又东、任小康、李庆怀编著，其中陕西理工学院李又东老师编写了第1~8章，西北师范大学任小康老师编写了第9~12章，李庆怀老师完成了全书的统筹工作。在编写过程中力求严谨细致，但由于时间与精力有限，疏漏之处在所难免，望广大读者批评指正。

作　者

CONTENTS / 目录

1 Chapter

使用Word制作普通的文本文档

2 Chapter

使用Word制作图文混排的文档

3 Chapter

使用Word制作带表格的文档

4 Chapter

使用Word模板制作公司文件

5 Chapter

使用Excel制作普通工作表

6 Chapter

使用Excel函数进行数据运算

7 Chapter

使用Excel对数据进行排序汇总

8 Chapter

使用Excel对数据进行统计分析

9 Chapter

使用PPT制作普通演示文稿

10 Chapter

使用PPT制作动感演示文稿

11
Chapter

使用PPT放映演示文稿

12
Chapter

实现Word/Excel/PPT数据共享

附录
appendix

高效办公实用快捷键列表

1

Chapter

使用Word制作普通的
文本文档

对于从事办公文秘、行政工作的人来说，Word软件再熟悉不过了。Word是处理办公文件最基本的软件，使用该软件可以轻松地制作出一些公司的内部文件，例如通知、购销合同、致客户函件、聘用协议、公司考勤制度等。本章将向用户介绍Word软件的基本操作以及如何使用该软件来建立文档。

1.1 制作公司邀请函

邀请函是邀请亲朋好友、知名人士、专家、单位合作伙伴等参加某项活动时所发出的邀约性质的书信。它是一种日常应用写作的文种。一般邀请函的主体结构大致是由"标题"、"称谓"、"正文"、"落款"这四个部分组成。下面将以商务活动邀请函为例介绍其制作过程。

1.1.1 输入邀请函文本

通常启动Word 2010软件后，系统会自动新建一个空白文档。在文档中确定插入点后，即可进行邀请函文本的输入了。

❶ 设置文档页面尺寸

在输入文本内容前，通常都会对当前文档的页面进行一些必要的设置。例如设置纸张大小、页边距值等，其具体设置方法如下。

步骤 01 **新建空白文档**。双击Word 2010图标启动，此时系统将自动新建一份空白文档。

步骤 02 **设置纸张大小**。切换到"页面布局"选项卡，在"页面设置"选项组中，单击"纸张大小"下拉按钮，在下拉列表中，选择所需选项，这里默认为"A4"，如下图所示。

高手妙招

自定义纸张大小

若想对当前纸张大小进行自定义设置，可单击"纸张大小"下拉按钮，选择"其他页面大小"选项，并在打开的对话框中进行相关设置即可。

步骤 03 **设置页边距**。在"页面布局"选项卡中，单击"页面设置"选项组的对话框启动器 ，在弹出的"页面设置"对话框的"页边距"选项卡

中，将"上"、"下"、"左"、"右"边距值都设为"2厘米"，如下图所示。

步骤 04 **完成页面设置**。设置好后，单击"确定"按钮，关闭该对话框，完成当前文档页面布局设置。

❷ 输入邀请函文本内容

设置好页面尺寸后，用户只需在文档插入点处输入相应文本内容。若要另起一行，只需按键盘上的Enter键即可，输入结果如下图所示。

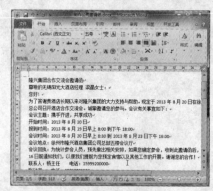

1.1.2 设置文本格式

文本格式的设置包括字体格式和段落格式两种。每当文本内容输入完成后，都需要对其文本格式进行一些必要设置。

1 设置字体格式

有些应用文的写作，对于文档字体格式有一定的要求。用户只需根据相应的格式要求，对文档字体进行设置即可，设置方法如下。

步骤 01 设置标题字体。选中文档标题，切换到"开始"选项卡，在"字体"选项组中单击"字体"下拉按钮，选择"黑体"选项，如下图所示。

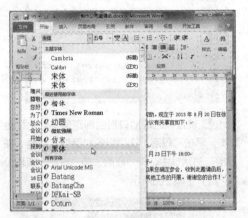

步骤 02 设置标题字号。同样选中标题文本，在"字体"选项组中，单击"字号"下拉按钮，在下拉列表中选择"二号"选项，如下图所示。

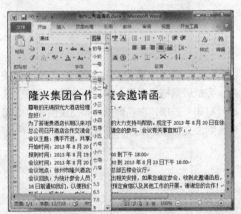

步骤 03 设置正文字体。选中正文内容，在"字体"选项组中，单击"字体"下拉按钮，选择"仿宋"选项，如下图所示。

步骤 04 设置正文字号。在"字体"选项组中，单击"字号"下拉按钮，选择"四号"选项，如下图所示。

步骤 05 正文字体加粗设置。在正文中，选择要加粗的文本，在"字体"选项组中，单击"加粗"按钮，即可完成文本加粗操作，如下图所示。

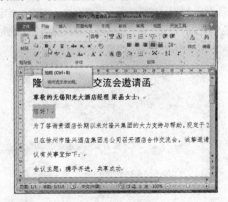

步骤 06 设置落款文本格式。选中落款文本，单击"字体"下拉按钮，选择"黑体"选项，并将字号设为"四号"，如下图所示。

❷ 设置段落格式

段落格式设置主要是对文档的段前段后的间距值、段落行距值以及段落字符缩进值进行设置，其具体操作如下。

步骤 01 标题居中设置。选中文档标题文本，在"开始"选项卡的"段落"选项组中，单击"居中"按钮，即可将标题居中显示，如下图所示。

步骤 02 找到"首行缩进"标尺滑块。将插入点定位至正文开始处，将光标移动至标尺滑块上，此时系统提示"首行缩进"信息，如下图所示。

步骤 03 拖动滑块完成操作。按住鼠标左键拖动该滑块至标尺"2"位置上，放开鼠标完成该段落缩进操作，如下图所示。

步骤 04 设置标题段前段后的间距值。选中标题文本，单击"段落"选项组的对话框启动器，在"段落"对话框中，将"段前"和"段后"值均设为"2行"，如下图所示。

步骤 05 完成操作预览文档。单击"确定"按钮，完成段落格式设置。单击"文件"标签，选择"打印"选项，在右侧打印预览页面中，即可查看到该文档预览效果，如下图所示。

1.2 制作公司聘用协议

聘用协议亦称聘用合同，是单位与职工按照国家的有关法律、政策，在平等、自愿、协商一致的基础上，订立的关于履行有关工作职责的权利义务关系的协议，属于劳动合同的一种。下面将以制作公司聘用协议为例，来介绍Word编辑功能的应用。

1.2.1 编辑协议内容

通常一些合同、协议书之类的文书，都有现成的范文，无需自己输入协议内容。用户只需根据公司实际需求做相应的修改即可完成。

1 查找替换文本内容

在长文档中，想要快速查找或替换某字词，则需要使用"查找和替换"功能，其具体操作如下。

步骤01 双击打开素材文件。双击"聘用协议"素材文件，启动Word软件并将其打开，结果如下图所示。

步骤02 打开"查找和替换"对话框。单击"开始"选项卡，在"编辑"选项组中，单击"替换"按钮，打开"查找和替换"对话框，如下图所示。

步骤03 输入查找内容。将插入点定位至"查找内容"文本框中，输入"？"，如下图所示。

步骤04 设置替换内容。将插入点定位至"替换为"文本框中，按几下空格键，然后单击"更多"按钮，在打开的扩展列表中，单击"格式"按钮，选择"字体"选项，如下图所示。

步骤05 设置替换内容格式。在"替换字体"对话框中，单击"下划线线型"下拉按钮，并选择加粗下划线选项，单击"确定"按钮，如下图所示。

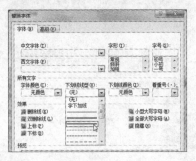

步骤06 查看替换格式。设置好后,在"查找和替换"对话框中,用户可以看到替换格式,如下图所示。

步骤07 查找文档中的"?"。当替换格式正确后,单击"替换"按钮,此时在文档中,系统会查找到"?"并高亮显示,如下图所示。

步骤08 完成替换。再次单击"替换"按钮,此时被查找到的"?"就被替换成下划线了,与此同时,系统会自动查找到下一个"?",如下图所示。

步骤09 设置全部替换。用户也可在单击"全部替换"按钮一次性全部替换。在打开的提示框中,则显示了替换信息,如下图所示。

步骤10 查看最终替换效果。单击"确定"按钮,关闭提示框,此时用户可查看该文档的最终替换效果,如下图所示。

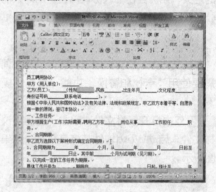

2 添加文本下划线

如果想在文档必要处添加下划线,可使用"下划线"功能进行绘制,其方法如下。

步骤01 选择下划线样式。将插入点定位至所需位置,在"开始"选项卡的"字体"选项组中,单击"下划线"下拉按钮,并选择下划线样式,如下图所示。

步骤02 添加下划线。选择好后,在插入点处,按空格键即可添加下划线。多次按空格键,则可延长下划线,如下图所示。

步骤 03 完成剩余下划线的添加。按照同样的操作方法,完成文档剩余下划线的添加,结果如下图所示。

1.2.2 设置文档格式

协议文档内容修改完成后,用户就可对文档格式进行设置了。

1 设置文本格式

步骤 01 选中协议标题文本,在"开始"选项卡的"字体"选项组中,将"字体"设为"黑体",将"字号"设为"二号",结果如下图所示。

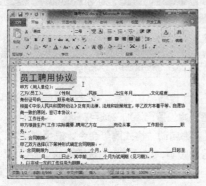

步骤 02 将协议正文段落标题以及落款格式设为"加粗"显示,如下图所示。

2 设置段落格式

切换到"开始"选项卡,在"段落"选项组中,用户可对该文档的段落格式进行设置,其方法如下。

步骤 01 设置标题段前段后的间距值。选中标题内容,在"段落"选项组中,单击"居中"按钮,将其居中显示,然后打开"段落"对话框,将"段前"、"段后"值设为"2行",结果如下图所示。

操作提示

取消下划线自动输入状态

在激活"下划线 □"功能的状态下,无论是输入文字还是其他字符,都会自动添加下划线。若想取消这种下划线自动输入状态,则需再次单击"下划线"按钮,将其取消激活。

步骤 02 设置段落缩进值。选中所需段落,在"段落"对话框中,单击"特殊格式"下拉按钮,选择"首行缩进"选项,如下图所示。

步骤 03 设置剩余段落首行缩进。按照同样的操作方法，将剩余段落设置为首行缩进。

步骤 04 设置段落行间距。全选协议正文，在"段落"对话框中，单击"行距"下拉按钮，选择"1.5倍行距"选项，单击"确定"按钮，如下图所示。

步骤 05 设置页边距。单击"页面布局"选项卡下"页面设置"选项组的对话框启动器，打开"页面设置"对话框，将页边距设为"2"，单击"确定"按钮，如下图所示。

步骤 06 设置落款段前间距值。选中协议落款"甲方（盖章）："文本，在"段落"对话框中，将"段前"值设为"2行"，结果如下图所示。

3 添加项目符号

为了让段落内容更加醒目，可在段落开头添加项目符号，其操作方法如下。

步骤 01 选择项目符号。在正文中，选择要添加项目符号的段落文本，在"段落"选项组中，单击"项目符号"下拉按钮，在打开的符号库中，选择满意的符号图形，如下图所示。

操作提示

自定义图片符号
用户也可以将图片作为自定义符号进行使用。选择"定义新项目符号"选项，在对话框中，单击"图片"按钮使用。

步骤 02 查看添加效果。选择完成后，被选中的段落起始位置已添加该项目符号。

步骤 03 启动"格式刷"命令。选中刚添加项目符号的段落，在"开始"选项卡的"剪贴板"选项组中，单击"格式刷"按钮，如下图所示。

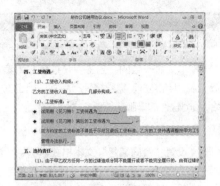

步骤 04 复制段落格式。当光标转换成刷子形状后，选中所需目标段落，即可完成段落格式的复制操作，如下图所示。

1.2.3 插入协议封面

若想对协议添加封面，可使用Word"封面"功能进行操作，其方法如下。

步骤 01 启动"封面"功能。切换到"插入"选项卡，在"页面"选项组中，单击"封面"下拉按钮，并在其列表中，选择满意的封面样式，如下图所示。

步骤 02 输入封面标题内容。选中"文档标题"文本框，并输入协议书标题文本，按照同样的方法，输入副标题文本，结果如下图所示。

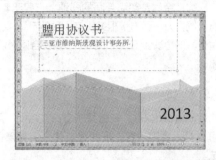

步骤 03 删除内容控件。选中"作者"文本框，单击鼠标右键，在快捷菜单中选择"删除内容控件"命令。

步骤 04 输入封面内容。在插入点处，输入封面剩余文本内容。

步骤 05 设置封面文本格式。设置封面的标题文本、副标题文本及其他文本的"字体"、"字号"以及"对齐方式"，结果如下图所示。

步骤 06 设置封面文本行间距。选中"单位名称"文本，在"段落"对话框中，将其"段前"值设为"1行"，然后选中"员工名称"文本，将其"段前"值设为"0.5行"，单击"确定"按钮。

步骤 07 完成操作预览效果。设置完成后，单击"文件"标签，选择"打印"选项，在右侧打印预览页面中可查看最终效果。

操作提示

设置封面插入位置
在需要插入的封面上单击鼠标右键，可以选择插入的位置，而不是必须插入到首页位置。

1.3 制作公司购销合同

购销合同是买卖合同的一种，它同买卖合同的要求基本上是一致的。它主要是指供方（卖方）同需方（买方）根据协商一致的意见，由供方将产品交付给需方，需方接受产品并按规定支付价款的协议。下面将以商品房购销合同为例，来介绍Word软件的排版功能。

1.3.1 编排合同内容

启动Word软件，在新建的空白文档中，用户可以录入合同内容，下面将具体介绍其操作方法。

1 编排合同封面内容

在Word软件中，除了可使用系统自带的封面样式外，用户还可自行设计封面。

步骤01 设置页面尺寸。启动Word软件，新建空白文档。切换到"页面布局"选项卡，打开"页面设置"对话框，将"纸张大小"设为"A4"，将"页边距"设为"2.5厘米"，如下图所示。

步骤02 输入封面内容。页面设置完成后，将插入点放置在所需位置，输入合同封面文本内容，如下图所示。

步骤03 设置"合同编号"文本格式。选中"合同编号："文本，将字体设为"黑体"，将字号设为"18"，结果如下图所示。

步骤04 设置标题文本格式。选中"商品房购销合同"文本，将字体设为"黑体"，将字号设为"48"，如下图所示。

高手妙招

快速调整页边距

除了在"页面设置"对话框中设置页边距外，用户还可将光标定位在标尺上，当光标转换成双向箭头时，按住鼠标左键，拖动光标至满意位置，放开鼠标即可完成对当前页边距的调整操作。

步骤 05 设置副标题文本格式。选择副标题文本内容，将字体设为"黑体"，将字号设为"20"，将文本居中显示，其结果如下图所示。

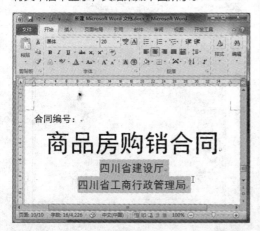

步骤 06 设置标题段前的间距值。选中标题文本，打开"段落"对话框，将"段前"值设为"9行"，单击"确定"按钮，结果如下图所示。

步骤 07 设置副标题段前的间距值。选择副标题文本（四川省建设厅……），在"段落"对话框中，将其"段前"值设为"18行"，单击"确定"按钮。

操作提示

文本框的作用
文本框是绘图工具的一种，它分为横排和竖排两种类型。用户可将文本框灵活地安插在文档的任意位置。利用文本框排版会使文档版面更加丰富多彩。

步骤 08 启动"文本框"功能。切换到"插入"选项卡，在"文本"选项组中，单击"文本框"下拉按钮，在下拉列表中选择"简单文本框"，如下图所示。

步骤 09 输入文本框内容。选择完成后，即会在文档中插入空白文本框。在该文本框中，输入"监制"文本内容，如下图所示。

步骤 10 设置文本格式。选中"监制"文本，将字体设为"黑体"，将字号设为"18"，如下图所示。

步骤 11 移动文本框内容。选中该文本框,当光标转换成十字形时,按住鼠标左键,拖动文本框至封面合适位置,放开鼠标,即可完成移动操作,如下图所示。

步骤 12 设置文本框形状格式。选中该文本框,单击鼠标右键,在快捷菜单中选择"设置形状格式"命令,如下图所示。

步骤 13 设置文本框填充颜色。在"设置形状格式"对话框中,选择"填充"选项,并单击右侧面板中的"无填充"单选按钮,如下图所示。

步骤 14 设置文本框边框颜色。在"设置形状格式"对话框中,选择"线条颜色"选项,并单击右侧面板中的"无线条"单选按钮,如下图所示。

步骤 15 查看效果。设置完成后,单击"关闭"按钮,关闭该对话框,设置效果如下图所示。

步骤 16 启动"符号"功能。将插入点放置在"合同编号:"文本后,切换到"插入"选项卡,在"符号"选项组中单击"符号"下拉按钮,选择"其他符号"选项,如下图所示。

步骤 17 **选择符号。** 在"符号"对话框的符号列表中，选择所需符号样式，如下图所示。

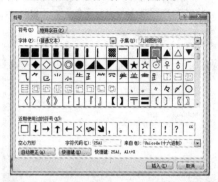

操作提示

插入特殊字符

在"符号"对话框中，除了可插入符号外，也可插入一些特殊字符。例如商标、注册、版权所有的字符等。切换到"特殊字符"选项卡，选中所需字符，单击"插入"按钮即可插入该字符。

步骤 18 **插入符号。** 选择完成后，单击"插入"按钮，此时在插入点处即可插入该符号，如下图所示。

步骤 19 **复制符号。** 选中该符号，单击鼠标右键，选择"复制"命令。

高手妙招

利用输入法插入特殊符号

使用输入法也可快速插入特殊符号，下面将以QQ输入法为例来介绍其操作方法。在输入法状态栏上单击鼠标右键，选择"拼音工具"命令，在级联菜单中选择"符号和表情"命令，打开"QQ拼音符号输入器"对话框。切换到"特殊符号"选项卡，在其列表中选择所需符号即可。

步骤 20 **粘贴符号。** 在插入点处，单击鼠标右键，选择"保留源格式"粘贴选项，粘贴该符号，如下图所示。

步骤 21 **完成封面内容的编排。** 按照同样的操作，再次复制粘贴剩余符号，操作完成后，即可完成对封面内容的编排，结果如下图所示。

2 编排合同首页内容

合同封面制作完毕后，将插入点放置在封面末尾处，按Enter键即可添加下一空白页。在该空白页上，用户可以输入首页内容，其方法如下。

步骤 01 **输入首页标题内容。** 切换到"开始"选项卡，在"字体"选项组中，将标题文本字号设为"三号"，然后输入标题内容，如下图所示。

步骤 02 输入正文内容。将正文文本的字号设为"四号"，将字体设为"宋体"，输入信息内容，如下图所示。

步骤 03 启动"制表符"功能。将插入点放置在"营业执照号码："文本的末尾处，然后移动光标至左上角标尺制表符处，单击该制表符，将其转换成左对齐式制表符，如下图所示。

步骤 04 设置制表位。将插入点放置在"营业执照号码："文本末尾处，然后单击标尺约"21"处，将左对齐式制表符进行定位，如下图所示。

步骤 05 定位插入点。按键盘上的Tab键，此时插入点将迅速定位至刚设置的制表符处，如下图所示。

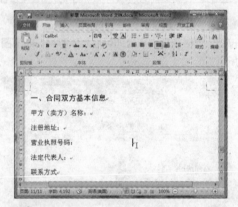

步骤 06 输入文本内容。在该插入点处输入文本内容，如下图所示。

步骤 07 查看制表符精确位置。双击设定的左对齐式制表符，打开"制表位"对话框，此时可查看到该制表符在标尺上的精确位置为"20.93字符"，如下图所示。

步骤 08 设置默认制表位。在该对话框中，将"默认制表位"设置为"20.93"，单击"确定"按钮，完成设置，如下图所示。

步骤 09 按Tab键输入内容。将插入点放置在"法定代表人："末尾处，按Tab键，此时插入点已定位至制表符处，输入文本内容，如下图所示。

步骤 10 输入剩余文本内容。再次将插入点放置在"联系方式："末尾处，按Tab键定位插入点，并输入内容。按照同样的操作，完成剩余文本内容的输入，结果如下图所示。

操作提示

制表位功能介绍

制表位是指按Tab键后，插入点移动的距离。默认情况下，每按一次Tab键，插入点会自动向右移动2个字符距离。利用该功能可实现文本自动对齐的效果。制表位不仅控制着文本的显示位置，而且还指定了文本的对齐方式。在Word软件中包含5种制表符，分别为：左对齐、居中对齐、右对齐、小数点对齐以及竖线对齐。单击这些制表符，可来回切换使用。

步骤 11 绘制下划线。切换到"开始"选项卡，在"字体"选项组中，单击"下划线"按钮，在所有文本后添加下划线，如下图所示。

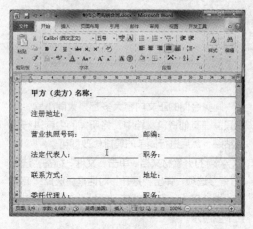

步骤 12 调整首页内容的行间距。选中首页的标题文本及正文，在"段落"对话框中，对其"段前"、"段后"值以及"行距"值进行相关设置，结果如下图所示。

步骤 13 查看首页预览效果。设置完成后，单击"文件"标签，选择"打印"选项，此时在右侧打印预览页面中则可以查看首页预览效果，如下图所示。

3 编排合同正文内容

同类合同的正文内容大多都是大同小异，用户只需在其他资料文档中，将所需的内容进行复制粘贴，然后进行简单的编排修改即可。

步骤 01 打开素材文档。单击"文件"标签，选择"打开"选项，弹出"打开"对话框，选择"商品房购销合同.docx"选项，单击"打开"按钮，如下图所示。

高手妙招

使用快捷键快速打开文档
在操作过程中，若想快速打开另一文档，只需按快捷键Ctrl+O，即可快速调出"打开"对话框打开文档。

步骤 02 全选素材文档。在打开的素材文档中，按快捷键Ctrl+A全选文档，结果如下图所示。

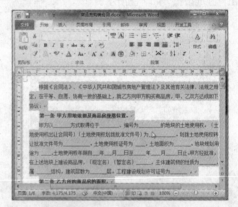

步骤 03 复制正文内容。在素材文档中，单击鼠标右键，选择"复制"命令，如下图所示。

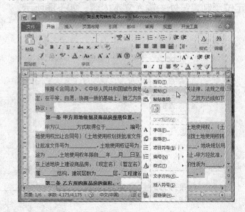

步骤 04 粘贴正文内容。在正文插入点处，单击鼠标右键，选择"保留源格式"粘贴选项，完成粘贴操作，如下图所示。

操作提示

Office 2010粘贴功能介绍

Office 2010在粘贴功能上进行了改进。当用户进行粘贴操作时，系统将根据复制的源数据自动提供合适的粘贴选项，例如"保留源格式"、"合并格式"以及"只保留文本"这3个选项。当用户指向某一粘贴选项时，系统则会在文档中显示预览粘贴效果，若用户对该效果不满意，可直接指向其他粘贴选项，并查看效果，确定选项后，单击该粘贴选项，即可完成粘贴操作。

步骤 05 启动"分页符"功能。将插入点定位至正文内容起始位置，切换到"页面布局"选项卡，在"页面设置"选项组中单击"分隔符"下拉按钮，选择"分页符"选项，如下图所示。

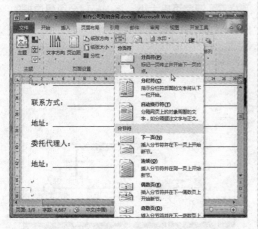

步骤 06 完成分页操作。此时正文内容将显示在下一页面上，如下图所示。

步骤 07 输入正文标题内容。将插入点定位至正文起始位置，按Enter键，另起一行。在空白行输入标题内容，如下图所示。

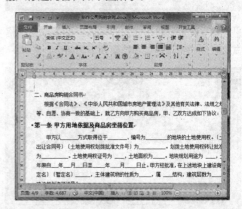

步骤 08 复制格式。选中首页标题内容，启动"格式刷"命令，将其格式复制到正文标题内容上，其结果如下图所示。

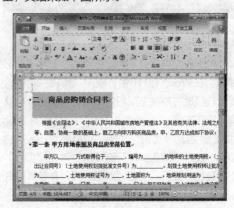

步骤 09 **浏览内容并修改。** 对复制的合同内容进行浏览，并对其进行必要的修改。

步骤 10 **输入合同落款内容。** 使用"制表符"和"下划线"功能，输入合同落款内容，其结果如下图所示。

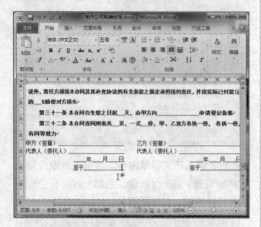

步骤 11 **设置落款格式。** 对输入好的落款文本格式、行距进行设置，其结果如下图所示。

1.3.2　添加合同页码

对于长文档来说，为文档添加页码是很有必要的。在Word 2010中，使用"页码"功能，即可轻松地完成文档页码的添加。下面将介绍其具体操作方法。

步骤 01 **启动"页码"功能。** 切换到"插入"选项卡，在"页眉和页脚"选项组中单击"页码"下拉按钮，选择"页面底端"选项，并在其级联列表中，选择满意的页码样式，如下图所示。

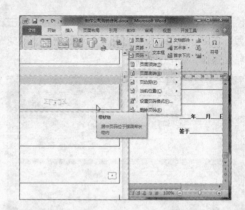

步骤 02 **插入页码。** 选择好页码样式后，系统将自动在文档底端插入该页码，如下图所示。

步骤 03 **选中页码。** 若想对插入的页码进行设置，可单击该页码，将其选中，如下图所示。

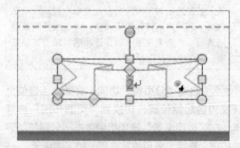

步骤 04 **调整页码大小。** 将光标移至页码边框的控制点上，当光标转换成双向箭头后，按住鼠标左键，将其拖动至满意位置，即可调整页码的大小，如下图所示。

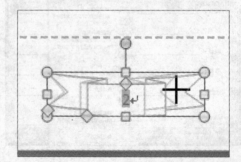

步骤 05 调整页码位置。选中页码，并将光标移至页码边框上，当光标转换成十字箭头时，按住鼠标左键，拖动页码至满意位置，放开鼠标即可完成对页码位置的调整，如下图所示。

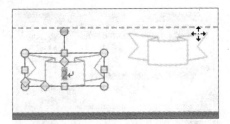

步骤 06 调整页码轮廓颜色。选中该页码，在"绘图工具—格式"选项卡的"形状样式"选项组中，单击"形状轮廓"下拉按钮，在"主题颜色"选项组中，选择满意的颜色，更改当前页码轮廓颜色，如下图所示。

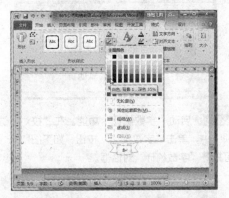

步骤 07 完成设置。设置完成后，在"页眉和页脚工具—设计"选项卡的"关闭"选项组中，单击"关闭页眉和页脚"按钮，即可完成页码设置，如下图所示。

步骤 08 设置"首页不同"。双击封面页码，在"页眉和页脚工具—设计"选项卡的"选项"选项组中，勾选"首页不同"复选框，如下图所示。

步骤 09 启动"页码格式"对话框。在"页眉和页脚工具—设计"选项卡的"页眉和页脚"选项组中，单击"页码"下拉按钮，选择"设置页码格式"选项，打开"页码格式"对话框，如下图所示。

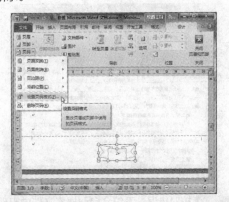

步骤 10 删除封面页码。单击"起始页码"单选按钮，并输入"起始页码"数为"0"，单击"确定"按钮，删除封面页码，如下图所示。

1.3.3 查阅合同内容

合同内容大致整理完成后，都需对其进行一次预览查阅，保证合同内容正确严谨。

1 校对合同内容

在输入文档内容时，难免会遇到某些词组语法使用不当，或某单词拼写错误。此时系统会对其以波浪线形式标识出来，以便提示用户修改。

步骤 01 启动"拼写和语法"功能。将插入点放置在文档起始位置，切换到"审阅"选项卡，在"校对"选项组中，单击"拼写和语法"按钮，如下图所示。

步骤 02 校对错误。系统会自动搜索文档中出现的错误，并在"拼写和语法"对话框中，显示该错误，并给出正确答案，用户只需单击"更改"按钮，系统将自动纠正，如下图所示。

步骤 03 继续校对。更改完成后，系统自动搜索下一个错误并进行提示，当系统无法给出正确答案时，用户需在提示框中自行纠正，然后单击"更改"按钮，完成更改，如下图所示。

步骤 04 完成校对。按照与以上同样的操作，对合同内容进行纠正，当出现系统提示信息后，单击"确定"按钮即可完成校对操作，如下图所示。

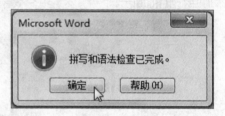

步骤 05 启动"字数统计"功能。在"校对"选项组中，单击"字数统计"按钮，如下图所示，可打开"字数统计"对话框。

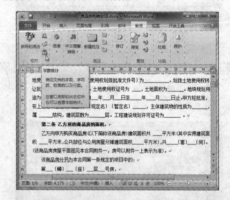

步骤 06 查看内容统计信息。在"字数统计"对话框中,用户可查看到当前文档的一些信息,例如字数、段落数、页数等,如下图所示。

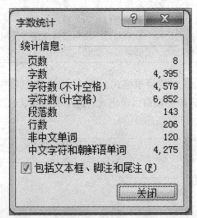

操作提示

如何对待错误的校对
由于系统中词库是有限的,所以经常会将正确的词组或语法进行纠错,此时用户只需单击"忽略一次"按钮,或者单击"词典"按钮,将其添加至系统词库中,以防下次纠错。

2 添加合同目录

通常在长文档中,都需对该文档添加目录,以便用户翻阅。目录添加操作如下。

步骤 01 设置一级标题。选中"一、合同双方基本信息"文本,切换到"开始"选项卡,在"样式"选项组中单击"其他"下拉按钮,选择"标题1"选项,此时该标题被设为一级标题格式,如下图所示。

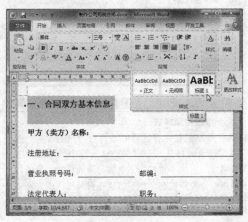

步骤 02 复制格式。启动"格式刷"命令,将一级标题格式复制到正文标题上,如下图所示。

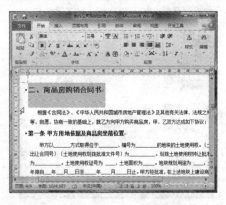

步骤 03 设置二级标题。选中"第一条……位置"文本内容,在"样式"列表中选择"标题2"选项,即可为其套用二级标题格式。此后,适当调整该文本的格式,如下图所示。

步骤 04 复制格式。启动"格式刷"命令,将设置好的二级标题格式,复制到其他节标题内容上,如下图所示。

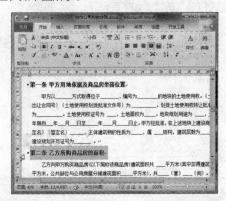

步骤 05 启动"导航窗格"功能。标题级别设置完成后，切换到"视图"选项卡，在"显示"选项组中，勾选"导航窗格"复选框，如下图所示。

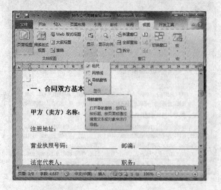

步骤 06 查看文档结构。此时，在文档左侧会打开"导航"窗格，在该窗格中，用户可查看到刚设置的标题级别，单击任意标题，插入点将自动定位至相对应的文档内容，如下图所示。

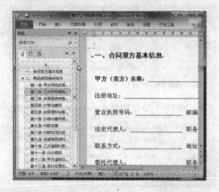

步骤 07 启动"目录"对话框。将插入点定位至合同内容起始位置，切换到"引用"选项卡，在"目录"选项组中单击"目录"下拉按钮，选择"插入目录"选项，如下图所示。

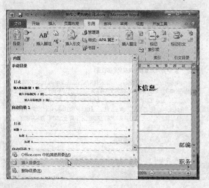

步骤 08 设置目录格式。在"目录"对话框中，可根据需要设置目录格式，这里保持默认选项不变，如下图所示。

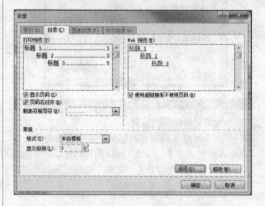

步骤 09 插入目录。设置完成后，单击"确定"按钮，即可在文档插入点处插入目录，结果如下图所示。

步骤 10 设置页面排版。目录插入后，需要对该页面进行设置调整，例如输入"目录"标题、设置"段前"、"段后"值以及使用"分页"功能等，其结果如下图所示。

步骤 11 链接访问。按住Ctrl键，当光标变成手指形状时，单击目录中的某一标题，此时可直接跳转至该标题对应的内容页面，如下图所示。

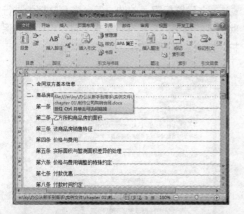

高手妙招

快速更新目录

目录创建好后，如对正文内容进行了修改，导致目录页码或目录标题对不上号，此时只需切换到"引用"选项卡，在"目录"选项组中单击"更新目录"按钮，再在打开的"更新目录"对话框中选择相应的选项，最后单击"确定"按钮即可。

3 设置视图方式

在Word软件中，阅读文档的方式有5种，分别为"页面视图"、"阅读版式视图"、"Web版式视图"、"大纲视图"以及"草稿"。下面将以"阅读版式视图"方式为例阅读文档。

步骤 01 启动"阅读版式"功能。切换到"视图"选项卡，在"文档视图"选项组中，单击"阅读版式视图"按钮，如下图所示。

步骤 02 全屏浏览文档内容。在打开的视图界面中，文档以全屏方式来显示，滚动鼠标中键，可对当前文档进行翻页浏览，如下图所示。

步骤 03 设置视图显示方式。单击屏幕右上角"视图选项"下拉按钮，在打开的下拉列表中，用户可对当前视图样式进行选择，如下图所示。

步骤 04 关闭视图方式。若想关闭该视图方式，只需单击屏幕右上角的"关闭"按钮即可。

1.3.4 保护合同内容

通常一些重要的合同拟定好后，都需要对这些文档进行保护操作，以避免他人恶意更改合同内容。

1 为合同文档加密

如果不想让其他人查看合同内容，可对该内容进行加密操作，其方法如下。

步骤 01 启动加密功能。单击"文件"标签，在"信息"选项界面中，再单击"保护文档"下拉按钮，选择"用密码进行加密"选项，如下图所示。

步骤 02 输入密码。在打开的"加密文档"对话框中输入密码并确认，如下图所示。

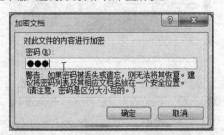

步骤 03 确认密码。在"确认密码"对话框中，再重新输入密码，单击"确定"按钮，如下图所示。

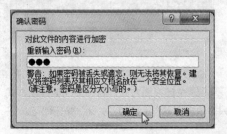

步骤 04 完成加密操作。设定完成后，在"信息"界面中，会显示"必须提供密码才能打开此文档"信息，若下次打开该文档，需输入密码才可打开。

2 限制编辑

若不想让他人对文档进行改动，可对该文档进行权限设置，其方法如下。

步骤 01 启动"限制编辑"窗格。切换到"审阅"选项卡，在"保护"选项组中，单击"限制编辑"按钮，如下图所示，打开"限制格式和编辑"窗格。

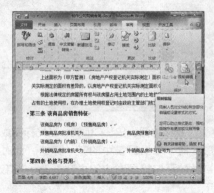

步骤 02 设置权限。勾选"仅允许在文档中进行此类型的编辑"复选框，单击"是，启动强制保护"按钮，如下图所示。

步骤 03 输入密码。在"启动强制保护"对话框中，用户可根据提示信息，输入密码，再单击"确定"按钮即可完成权限设置操作，如下图所示。

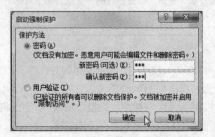

1.4 制作公司考勤制度

为了维护公司的正常工作秩序，提高员工的办事效率，每个公司都有自己的一套规章制度。作为一名行政人员来说，制作这些规章制度是必不可少的工作。下面将以制作公司考勤制度为例，来介绍采用Word软件美化文档的操作。

1.4.1 输入文档内容

启动Word软件，并将当前文档页面进行设置后，便可输入制度内容了。

步骤 01 设置页面尺寸。启动Word软件，新建一个空白文档。切换到"页面布局"选项卡，打开"页面设置"对话框，将其"页边距"值都设为"2"，如下图所示。

步骤 02 输入标题内容。在插入点处，输入文档标题内容，结果如下图所示。

步骤 03 启动"编号"功能。切换到"开始"选项卡，在"段落"选项组中单击"编号"下拉按钮，在"编号库"列表中选择"定义新编号格式"选项，如下图所示。

操作提示

添加编号的方法

想要在文档中添加相应的编号，只需在编号库中选择满意的编号样式即可。如果编号库中没有满意的样式，则可选择"定义新编号格式"选项来自定义编号样式。

步骤 04 选择编号样式。在"定义新编号格式"对话框的"编号样式"下拉列表框中，选择满意的编号样式，如下图所示。

步骤 05 设置编号字体格式。单击"字体"选项组的对话框启动器,在"字体"对话框中,将中文字体设为"黑体",将字号设为"小三",单击"确定"按钮,如下图所示。

步骤 06 设置编号格式。在"定义新编号格式"对话框的"编号格式"文本框中,设置好该编号的格式,结果如下图所示。

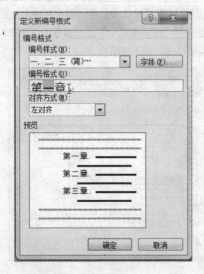

步骤 07 添加新编号。设置完成后,在"预览"框中可查看预览效果,单击"确定"按钮,系统将自动在插入点处添加新编号,如下图所示。

步骤 08 输入文档内容。编号添加完成后,用户可在该编号后,输入所需内容,如下图所示。

步骤 09 自动添加编号。内容输入完成后,按Enter键,此时系统将按照顺序自动添加相应的编号,如下图所示。

步骤 10 完成制度内容的输入。按照与以上同样的方法，将制度内容输入完整，结果如下图所示。

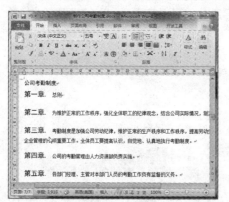

步骤 11 设置2级编号。选中"第二章~第七章"所有文本内容，在"段落"选项组中，单击"编号"下拉按钮，选择"更改列表级别"选项，并在其级联菜单中，选择"2级"选项，如下图所示。

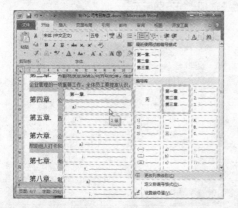

步骤 12 查看结果。选择完成后，被选中的内容就会以2级编号样式显示，如下图所示。

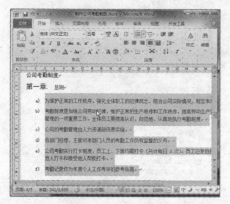

步骤 13 启动"定义新编号格式"对话框。选中2级编号内容，单击"编号"下拉按钮，选择"定义新编号格式"选项，打开相应对话框。

步骤 14 设置编号样式。在"编号样式"列表中，选择满意的样式，如下图所示。

步骤 15 设置编号字体格式。单击"字体"选项组的对话框启动器，在"字体"对话框中，将字号设为"小四"，将字形设为"加粗"，如下图所示。

步骤 16 设置字符间距。在"字体"对话框中，切换到"高级"选项卡，将"间距"设为"加宽"，将"磅值"设为"1磅"，如下图所示。

步骤17 定义编号格式。在"定义新编号格式"对话框的"编号格式"文本框中，输入格式，如下图所示。

步骤18 查看结果。设置完成后，单击"确定"按钮，此时被选中的2级编号内容已发生了相应的变化，如下图所示。

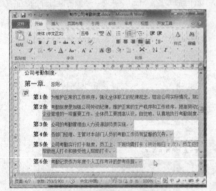

步骤19 调整段落缩进值。将2级编号内容的段落缩进值进行调整，其结果如下图所示。

步骤20 复制2级编号格式。启动"格式刷"功能，将刚设置好的2级编号格式复制到"第三章~第四十一章"内容中，结果如下图所示。

步骤21 更改编号级别。选中"第二章\第2条~第3条"文本内容，在"编号库"列表中，选择"更改列表级别"选项，在其级联菜单中，选择"3级"选项，如下图所示。

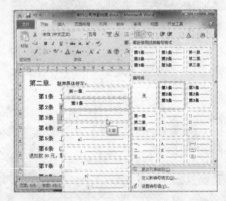

步骤22 查看效果。选择完成后，可查看最后效果，如下图所示。

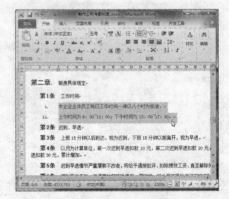

步骤23 设置3级编号格式。按照以上操作方法，设置3级编号格式，其结果如下图所示。

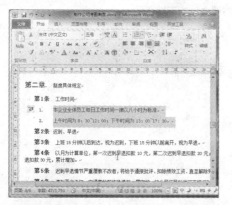

步骤24 完成剩余3级编号的设置。启动"格式刷"功能，将刚设置好的3级编号格式复制到剩余3级编号内容中，结果如下图所示。

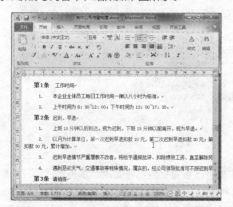

步骤25 启动"设置编号值"功能。选中"第二章\第1条"编号内容，单击"编号"下拉按钮，选择"设置编号值"选项，如下图所示。

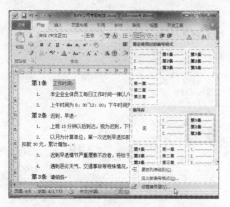

步骤26 输入编号值。在"起始编号"对话框中，单击"继续上一列表"单选按钮，勾选"前进量"复选框，将"值设置为"设为"二"和"7"，单击"确定"按钮，如下图所示。

步骤27 完成更改。设置完成后，所有"第二章"的2级编号值都已发生相应的变化，如下图所示。

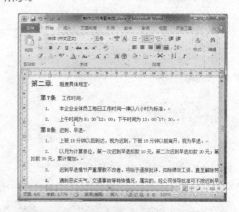

步骤28 启动"日期和时间"对话框。在制度末尾处，输入落款文本，然后切换到"插入"选项卡，在"文本"选项组中单击"日期和时间"按钮，如下图所示。

步骤29 选择时间格式。在"日期和时间"对话框中,将"语言"设为"中文(中国)",在"可用格式"列表框中,选择满意的时间格式,如下图所示。

步骤30 完成日期和时间的插入操作。单击"确定"按钮,此时在插入点处即可自动插入日期和时间文本,如下图所示。

1.4.2 设置文档格式

在Word 2010中,用户可使用"样式"功能,来对文档格式进行统一设置。下面来介绍其具体操作方法。

步骤01 启动"样式"窗格。单击"开始"选项卡中"样式"选项组的对话框启动器,打开"样式"窗格,如下图所示。

步骤02 创建新样式。单击窗格左下角"新建样式"按钮,打开"根据格式设置创建新样式"对话框,如下图所示。

步骤03 设置标题格式。将"名称"重命名为"制度标题",将"格式"设为"黑体"、"二号"、"居中",如下图所示。

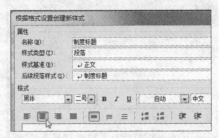

步骤04 设置标题字符间距。单击对话框左下角"格式"下拉按钮,选择"字体"选项,打开"字体"对话框,切换到"高级"选项卡,设置"间距"设为"加宽"、"磅值"为"4磅",如下图所示。

步骤05 查看效果。单击"确定"按钮,返回上一层对话框,单击"确定"按钮后,可查看效果,如下图所示。

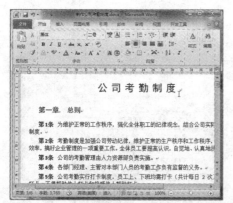

步骤06 新建章标题格式。将插入点定位至章标题文本后,在"样式"窗格中单击"新建样式"按钮,打开"根据格式设置创建新格式"对话框。

步骤07 设置字体格式。将"名称"设为"章标题",将"字体"设为"黑体",将"字号"设为"小三",如下图所示。

高手妙招

将新样式应用至其他文档中

单击"样式"窗格下方的"管理样式"按钮,打开"管理样式"对话框,单击"导入/导出"按钮,在"管理器"对话框中选择要应用的样式名称,单击"复制"按钮,关闭该对话框完成操作。

步骤08 设置段落格式。单击"段落"选项组的对话框启动器,打开"段落"对话框,将"段前"、"段后"值设为"0.5行",如下图所示。

步骤09 查看效果。设置完成后,单击"确定"按钮,即可查看设置结果,如下图所示。

步骤10 应用章标题格式。将插入点定位至"第二章"标题文本后,单击"样式"窗格中的"章标题"选项,即可将其应用至被选文本上。

步骤11 新建节标题格式。按照以上方法,新建节标题格式,其格式内容如下图所示。

步骤12 应用节标题格式。选中"第7条"文本内容，在"样式"窗格中，单击"节标题"选项应用格式，按照同样的方法，应用格式至其他节标题文本上，如下图所示。

步骤13 新建正文格式。选中制度正文内容，打开"根据格式设置创建新样式"对话框，并对其格式进行设置，如下图所示。

步骤14 应用正文格式。选中制度正文内容，在"样式"窗格中，单击"正文内容"选项应用格式，如下图所示。

步骤15 选择"修改"选项。在"样式"窗格中，单击"正文内容"下拉按钮，选择"修改"选项，如下图所示。

步骤16 修改格式。在"修改样式"对话框中，用户可对当前样式进行修改，单击"确定"按钮，完成修改。此时正文格式也会同步更新，如下图所示。

步骤17 设置文档其他格式。利用"样式"功能，将该文档其他内容格式以及落款格式进行设置并应用，如下图所示。

1.4.3 美化文档

为了丰富文档内容，用户可对该文档进行一些美化操作。

1 添加页眉页脚

为了使文档页面统一化，可对文档添加页眉页脚，其方法如下。

步骤01 启动"页眉"功能。切换到"插入"选项卡，在"页眉和页脚"选项组中，单击"页眉"下拉按钮，选择页眉样式，如下图所示。

步骤02 输入页眉文本。在添加的页眉文本框中，输入页眉内容，如下图所示。

高手妙招

添加页眉技巧

添加页面时，可以使用快捷工具进行调整页眉位置、添加日期及图片等操作。

步骤03 完成添加操作。输入完成后，单击"关闭页眉和页脚"按钮，完成页眉添加操作。

步骤04 选择页脚样式。在"页眉和页脚"选项组中，单击"页脚"下拉按钮，选择满意的页脚样式，如下图所示。

步骤05 输入页脚内容。在页脚文本框中，输入页脚内容。单击"关闭页眉和页脚"按钮，完成页脚的添加。

2 添加文档背景色及分割线

为文档添加漂亮的背景色，可美化文档，增加文档阅读性，其操作方法如下。

步骤01 启动"页面颜色"功能。切换到"页面布局"选项卡，在"页面背景"选项组中单击"页面颜色"下拉按钮，选择"填充效果"选项，如下图所示。

步骤02 选择颜色参数。在"填充效果"对话框中，设置好渐变颜色参数，如下图所示。

步骤 03 完成颜色添加操作。设置好后，单击"确定"按钮，完成背景色添加操作，效果如下图所示。

步骤 04 添加横线。将插入点置于"第一章 总则"后，切换到"开始"选项卡，在"段落"选项组中单击"下框线"下拉按钮，选择"横线"选项，如下图所示。

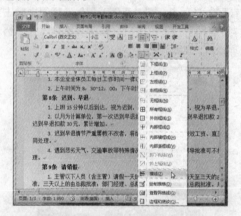

步骤 05 完成添加。选择完成后，在被选中的文本下会添加分割线，如下图所示。

步骤 06 设置分割线颜色。选中刚添加的分割线，单击鼠标右键，选择"设置横线格式"选项，打开相应的对话框。单击"颜色"下拉按钮，选择满意的颜色，单击"确定"按钮完成设置，如下图所示。

3 设置页面背景预览

　　默认情况下，在进行打印预览时，页面背景色是不显示的，想将其显示，需在"Word选项"对话框中进行设置，其方法如下。

步骤 01 打开"Word选项"对话框。单击"文件"标签，在打开的列表中，选择"选项"选项，打开"Word选项"对话框。

步骤 02 勾选相关选项。单击对话框左侧"显示"选项，在右侧相关界面中，勾选"打印选项"中的"打印背景色和图像"复选框，如下图所示。

步骤 03 完成显示操作。设置完成后单击"确定"按钮，关闭该对话框。此时单击"文件"标签，选择"打印"选项，即可预览到带背景色的文档。

2
Chapter

使用Word制作图文混排的文档

　　Word软件除了能够制作出一些简单的文档外，还可以利用其图片和形状图形等功能制作出漂亮的图文混排文档。本章以实例形式，介绍Word图片、形状图形以及SmartArt图形等功能的使用方法。通过对本章的学习，相信用户能够轻松地制作出一份漂亮的文档来。

2.1 制作工作流程图

流程图由一些图框和箭头线组成，其中图框表示操作的类型，图框中的文字和符号表示操作的内容，箭头线表示操作的先后次序。流程图的制作在日常工作中经常会遇到。下面将以制作物流系统的流程图为例，介绍流程图的绘制操作。

2.1.1 用SmartArt制作流程图

Microsoft Word 2010内置了多种流程图样式。用户只需在SmartArt图形中，选择满意的流程图样式即可制作，下面介绍其具体操作方法。

1 插入SmartArt流程图

在Word 2010中SmartArt图形大致由"列表"、"流程"、"循环"、"层次结构"、"关系"、"矩阵"、"棱锥图"以及"图片"这几部分组成。用户只需根据需要选择相应的图形类别插入即可。

步骤01 定位流程图插入点。打开"员工收派件工作培训资料.docx"素材文件，将文本插入点定位至"五、提货发运"一段文本末尾处，按Enter键另起一行，如下图所示。

操作提示

创建画布

想要将多张图形作为一个整体来统一设置，可创建一张画布。在"插入"选项卡的"插图"组中单击"形状"下拉按钮。在其下拉列表中，选择"新建绘图画布"选项即可插入空白画布。

步骤02 启动SmartArt功能。切换至"插入"选项卡，在"插图"组中，单击SmartArt按钮，打开"选择SmartArt图形"对话框，如下图所示。

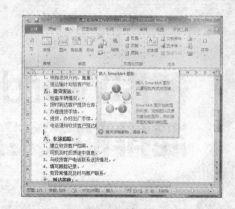

步骤03 选择流程图样式。选择左侧列表中"流程"选项，在其右侧相应的选项面板中，选择满意的样式，如下图所示。

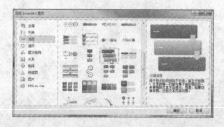

步骤04 插入流程图。单击"确定"按钮，插入该流程图。单击流程图中的"文本"字样，输入流程内容，如下图所示。

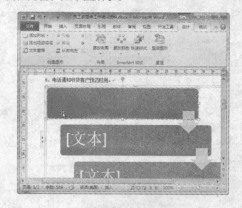

步骤 05 调整流程图大小。选中该流程图，将光标移至边框控制点上，当光标呈双向箭头显示时，按住鼠标左键，拖动其至满意大小，释放鼠标即可调整大小，如下图所示。

步骤 06 继续输入流程图内容。调整好后，单击"文本"字样，继续输入内容，如下图所示。

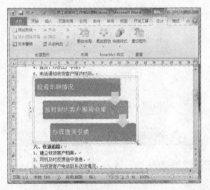

步骤 07 添加形状。选中流程图中最后一步的方框图形，切换至"SmartArt工具—设计"选项卡，在"创建图形"组中，单击"添加形状"右侧下拉按钮，选择"在后面添加形状"选项，如下图所示。

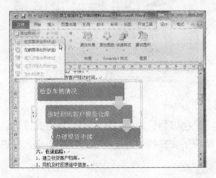

步骤 08 启动"文本窗格"功能。选中添加的形状，在"创建图形"组中，单击"文本窗格"按钮，如下图所示。

步骤 09 添加文本。在"在此处键入文本"窗格中，输入要添加的文本内容，如下图所示。

步骤 10 输入剩余内容。此时在添加的形状图形中，会显示刚输入的文本内容，按照同样的操作，完成流程图剩余内容的输入，结果如下图所示。

2 设置SmartArt格式

创建好SmartArt图形后,可对该图形的格式进行编辑设置,方法如下。

步骤 01 更改布局。选中SmartArt图形,在"SmartArt工具—设计"选项卡的"布局"组中,单击"其他"下拉按钮,可以选择新布局样式,如下图所示。

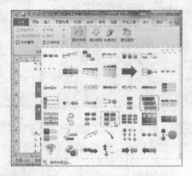

步骤 02 查看效果。选择完成后,可查看效果,如下图所示。

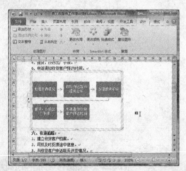

步骤 03 更改颜色。选中流程图,在"SmartArt工具—设计"选项卡的"SmartArt 样式"组中,单击"更改颜色"下拉按钮,可以选择满意的颜色,如下图所示。

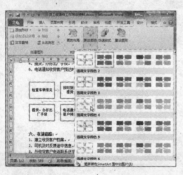

步骤 04 查看设置结果。设置完成后可查看设置结果,如下图所示。

步骤 05 更改样式。选中流程图,在"SmartArt样式"组中,单击"其他"下拉按钮,在样式列表中,选择新样式,如下图所示。

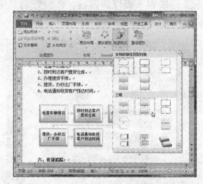

步骤 06 查看结果。选择完成后可查看结果,如下图所示。

3 排列流程图

文档排列分为嵌入式和自动换行式排列。默认情况下,文档中的图片或形状是以嵌入式进行排列的。

步骤 01 **选择排列类型。** 选中该流程图，在 "SmartArt工具—格式"选项卡的"排列"组中，单击"自动换行"下拉按钮，选择"四周型环绕"选项，如下图所示。

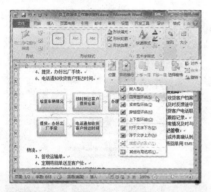

步骤 02 **查看排列效果。** 选择完成后，流程图排列方式已发生相应变化，如下图所示。

2.1.2 使用形状工具制作流程图

除了使用系统内置的SmartArt图形来制作流程图外，还可以使用形状工具来绘制流程图。下面介绍具体操作。

1 绘制流程图

在Word 2010中，利用基本的形状图形可轻松绘制出各种各样的流程图。

步骤 01 **定位流程图位置。** 将文本插入点定位至 "七、到达签收"一段文本末尾处，按Enter键另起一行，如下图所示。

步骤 02 **选择形状图形。** 切换至"插入"选项卡，在"插图"组中，单击"形状"下拉按钮，在形状列表中选择满意的形状图形，如下图所示。

步骤 03 **绘制形状。** 当光标呈实心十字型时，按住鼠标左键拖动鼠标，释放鼠标完成矩形形状的绘制，如下图所示。

步骤 04 调整矩形大小。将光标放至矩形边框控制点上，按住鼠标左键，拖动鼠标至满意位置，则可调整其大小，如下图所示。

步骤 05 添加文本。选中矩形，单击鼠标右键，在快捷菜单中执行"添加文字"命令，此时可在矩形框中添加文本内容，如下图所示。

步骤 06 选择箭头样式。在"插入"选项卡的"插图"组中单击"形状"按钮，在下拉列表中，选择满意的箭头样式，如下图所示。

步骤 07 绘制箭头。按住鼠标左键，拖动鼠标至满意位置，释放鼠标，完成箭头的绘制。

步骤 08 旋转箭头。将光标移至箭头顶部绿色控制点上，当光标呈旋转图形时，按住鼠标左键，拖动其至合适位置，释放鼠标即可旋转箭头，如下图所示。

步骤 09 复制矩形。选中矩形图形，按住Ctrl键的同时按住鼠标左键，将其拖动至满意位置，释放鼠标，即可完成矩形的复制，如下图所示。

步骤 10 多选图形。按Ctrl键，同时选中箭头和第二个矩形，如下图所示。

步骤 11 组合图形。在"绘制工具一格式"选项卡的"排列"组中，单击"组合"下拉按钮，选择"组合"选项，如下图所示。

步骤 12 完成组合。选择完成后，被选中的所有图形完成组合操作，如下图所示。

步骤 13 复制组合图形。选中组合后的图形，按Ctrl键的同时拖曳，对其进行复制操作，如下图所示。

步骤 14 修改文本。按照流程图内容，选中矩形图形中的文本，对其进行修改，如下图所示。

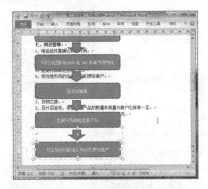

2 设置形状格式

绘制形状图形完成后，用户可对其图形格式进行自定义操作，方法如下。

步骤 01 选择形状样式。选中矩形图形，切换至"绘图工具一格式"选项卡，在"形状样式"组中，单击"其他"下拉按钮，在列表中选择满意的形状样式，如下图所示。

步骤 02 查看效果。选择完成后，被选中的形状图形的样式已发生了变化，如下图所示。

步骤 03 设置箭头样式。选中箭头图形，同样在形状样式列表中，选择满意的样式，即可完成设置，如下图所示。

步骤 04 设置剩余形状样式。按照同样的操作方法，将剩余形状样式进行设置，结果如下图所示。

步骤 05 添加阴影效果。选中矩形形状，在"形状样式"组中，单击"形状效果"下拉按钮，选择"阴影"选项，并在级联列表中，选择满意的阴影样式，如下图所示。

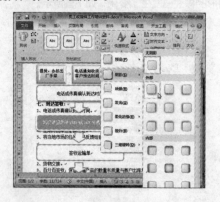

步骤 06 查看效果。选择完成后即可查看设置效果，结果如下图所示。

步骤 07 组合图形。按Ctrl键同时选中所有形状图形，单击"组合"按钮，将其组合，结果如下图所示。

步骤 08 打开"字体"对话框。在流程图中，选中所需设置的文本，单击鼠标右键，选择"字体"选项，则可打开"字体"对话框，如下图所示。

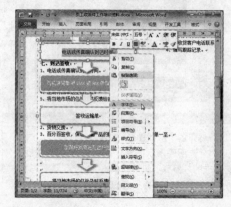

步骤 09 设置字体样式。在"字体"对话框中，对当前字体进行设置，如下图所示。

步骤 10 查看效果。设置完成后，被选中的文本字体已发生变化，如下图所示。

步骤 11 复制字体格式。启动"格式刷"功能，将设置好的字体复制到其他文本上，结果如下图所示。

步骤 12 调整流程图大小。选中绘制好的流程图，按住Ctrl键，当光标呈双向箭头时，按住鼠标左键，拖动至合适位置，释放鼠标即可等比缩放流程图，如下图所示。

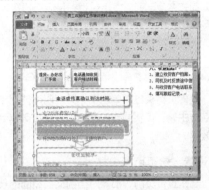

步骤 13 四周型环绕。选中流程图，在"绘图工具—格式"选项卡的"排列"组中，单击"自动换行"下拉按钮，选择"四周型环绕"选项，如下图所示。

步骤 14 移动流程图。选中流程图，当光标呈十字型时，按住鼠标左键，将其拖动至文档合适位置处，释放鼠标即可完成，如下图所示。

2.2 制作旅游宣传单页

制作公司宣传单页，主要是为了最大限度地促进销售，提高销售业绩，增强公司形象，提高公司知名度。通常宣传单页都是运用一些专业软件来进行制作，其实灵活运用Word 2010中的相关功能，也能制作出漂亮的宣传页。下面以制作旅行社宣传单页为例，介绍其具体制作方法。

2.2.1 制作宣传页页头内容

宣传页页头应简单明了，并能明确体现出本次宣传主题。页头制作的好坏，会直接影响到宣传效果。

① 设置宣传页页面尺寸

制作宣传页前，都需对当前文档页面的尺寸进行设置。

步骤01 设置纸张大小。切换至"页面布局"选项卡，打开"页面设置"对话框，切换至"纸张"选项卡，将纸张大小设为"16开"，如下图所示。

步骤02 设置页边距。切换至"页边距"选项卡，将上、下、左、右边距值均设置为1.5，如下图所示。

② 添加页头背景

宣传页页头背景图片添加方法如下。

步骤01 选择"矩形"形状。切换至"插入"选项卡，在"插图"组中，单击"形状"下拉按钮，选择矩形形状，如下图所示。

步骤02 绘制矩形形状。在文本插入点处，按住鼠标左键并拖动至满意位置，释放鼠标，完成矩形的绘制，如下图所示。

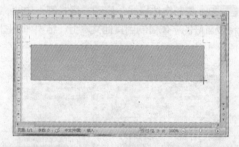

高手妙招

连续绘制多个相同形状

默认情况下，启动某形状，只能绘制一个形状图形，若想连续绘制多个相同形状，只需右击所需形状，选择"锁定绘图模式"选项，即可连续绘制相同形状图形。

步骤 03 启动"图片填充"功能。选中矩形，在"绘图工具—格式"选项卡的"形状样式"组中，单击"形状填充"下拉按钮，选择"图片"选项，如下图所示。

步骤 04 选择图片。在"插入图片"对话框中，选择要插入的图片，这里选择"图片.jpg"，如下图所示。

步骤 05 插入图片。单击"插入"按钮，此时在矩形形状中已显示该图片，如下图所示。

步骤 06 打开"设置图片格式"对话框。选中该图片，单击鼠标右键，执行"设置形状格式"命令，如下图所示。

步骤 07 设置图片透明度。在"设置图片格式"对话框中，选择左侧"填充"选项，在右侧相应的选项面板中的"透明度"文本框中，输入透明度值，这里设为34，如下图所示。

步骤 08 设置矩形轮廓。选中矩形形状，在"绘图工具—格式"选项卡的"形状样式"组中，单击"形状轮廓"下拉按钮，选择"无轮廓"选项，如下图所示。

步骤09 设置矩形柔化边缘值。在"形状样式"组中，单击"形状效果"下拉按钮，选择"柔化边缘"选项，并在其级联列表中选择满意的参数值，如下图所示。

步骤10 选择艺术字样式。在"插入"选项卡的"文本"组中，单击"艺术字"下拉按钮，选择满意的艺术字样式，如下图所示。

步骤11 输入标题内容。在艺术字文本框中，输入该宣传页标题内容，如下图所示。

步骤12 设置艺术字字体。选中艺术字，切换至"开始"选项卡，在"字体"组中，将该艺术字设为"黑体"，如下图所示。

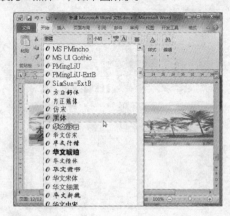

步骤13 设置艺术字字号。选中艺术字，在"字体"组中，将字号设为"小初"。

步骤14 设置文本填充颜色。选中艺术字，切换至"绘图工具—格式"选项卡，在"艺术字样式"组中，单击"文本填充"下拉按钮，并在其列表中，选择满意的填充颜色，如下图所示。

高手妙招

更改艺术字排列方式

选中艺术字文本框，在"艺术字样式"组中，单击"文本效果"下拉按钮，选择"转换"选项，并在其级联列表中，选择排列方式即可更改。

步骤15 设置文本轮廓颜色。选中艺术字，在"艺术字样式"组中，单击"文本轮廓"下拉按钮，在列表中选择满意的轮廓颜色即可，如下图所示。

步骤 16 设置发光字体。选中艺术字，在"艺术字样式"组中，单击"文本效果"下拉按钮，选择"发光"选项，并在其级联列表中选择满意的效果，如下图所示。

步骤 17 设置字体映像。选中艺术字，在"艺术字样式"组中，单击"文本效果"下拉按钮，选择"映像"选项，并在级联列表中，选择映像效果，如下图所示。

步骤 18 移动艺术字。设置完成后，选中艺术字文本框，当光标呈移动图标后，按住鼠标左键，拖动光标至满意位置，释放鼠标即可完成移动，如下图所示。

步骤 19 查看效果。设置完成后可查看其效果，如下图所示。

步骤 20 输入副标题。单击"艺术字"下拉按钮，选择满意的艺术字样式，输入副标题文本，并设置好文本字号和字体，结果如下图所示。

步骤 21 设置嵌入排列。选中页头背景图片，切换至"绘图工具—格式"选项卡，在"排列"组中，单击"自动换行"下拉按钮，选择"嵌入型"选项，如下图所示。

步骤 22 定位插入点。设置完成后，按Enter键。

3 绘制分割线

利用分割线可将页头内容与正文内容分开显示，从而也丰富了页面内容。

步骤 01 选择直线形状。在"插入"选项卡的"插图"组中，单击"形状"下拉按钮，选择"直线"选项，如下图所示。

高手妙招

更改形状线型样式

选中所需更改的形状，单击"形状轮廓"下拉按钮，选择"虚线"选项，在其级联列表中，选择满意的样式即可更改。

步骤 02 绘制直线。按住Shift键，绘制直线，结果如下图所示。

步骤 03 选择箭头样式。选中直线，单击"形状轮廓"下拉按钮，选择"箭头"选项，并在其级联列表中选择箭头样式，如下图所示。

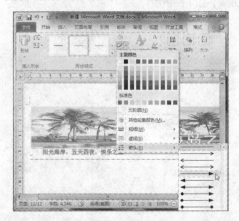

步骤 04 添加箭头效果。选择完成后，直线右端已添加箭头效果，如下图所示。

步骤 05 设置直线粗细。选中直线，在"形状轮廓"下拉列表中，选择"粗细"选项，并在其级联列表中，选择 "4.5磅"，如下图所示。

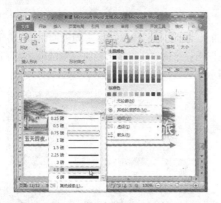

步骤 06 选择"渐变色"线条颜色。选择直线，单击鼠标右键，执行"设置形状格式"命令，在打开的对话框中，选择左侧"线条颜色"选项，在右侧选项面板中，单击"渐变色"单选按钮，如下图所示。

步骤 07 设置第1渐变色。在"渐变光圈"选项组中，单击第1个渐变色滑块，然后单击"颜色"下拉按钮，在颜色列表中，选择满意的渐变色，如下图所示。

步骤 08 设置第2渐变色。在"渐变光圈"选项组中，单击另一个渐变色滑块，并在"颜色"下拉列表中，选择满意的颜色，如下图所示。

步骤 09 设置渐变色类型。单击"类型"下拉按钮，选择"射线"选项，如下图所示。

步骤 10 完成设置。单击"关闭"按钮，关闭该对话框。此时被选中的分割线的颜色已发生了变化，结果如下图所示。

步骤 11 调整分割线位置。选中分割线，按键盘上的"↑"与"↓"键即可以对分割线的位置进行微调。

2.2.2 编排正文内容

通常，一张漂亮的宣传页，都是由文本内容和图片内容组合而成，下面我们介绍如何编排正文内容。

1 输入正文内容

在文本插入点处，输入正文内容，结果如下图所示。

2 设置正文格式

正文内容输入完成后，可对文本、段落格式进行设置。

步骤 01 设置文本字体。选中所需文本，单击鼠标右键，执行"字体"命令，在"字体"对话框中，可以对当前文本的字体格式进行设置，结果如下图所示。

步骤 02 定义新项目符号。选择段落文本，单击"插入"选项卡"段落"组中的"项目符号"下拉按钮，选择"定义新项目符号"选项，如下图所示。

步骤 03 指定新符号。在"定义新项目符号"对话框中，单击"符号"按钮，打开"符号"对话框，选择新符号，如下图所示。

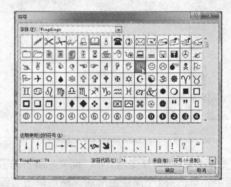

步骤 04 预览新符号。选择完成后，单击"确定"按钮，返回上一层对话框。在此用户可预览设置的符号效果，如下图所示。

步骤05 完成符号的插入。单击"确定"按钮，完成自定义项目符号的插入操作，如下图所示。

步骤06 设置段前段后值。选中所需段落，单击鼠标右键，在弹出的菜单中选择"段落"命令，弹出"段落"对话框，设置"段前"和"段后"的参数值，如下图所示。

步骤07 查看效果。设置完成后，即可查看正文设置效果，如下图所示。

3 插入图片

若想要在文档中插入相应的图片，可使用"图片"功能，方法如下。

步骤01 启动"图片"功能。定位文本插入点，在"插入"选项卡的"插图"组中，单击"图片"按钮，如下图所示。

步骤02 选择图片。在打开的"插入图片"对话框中，选择所需的图片，如下图所示。

步骤03 插入图片。单击"插入"按钮，此时在文本插入点处即可插入图片，如下图所示。

步骤 04 调整图片大小。选中图片，将光标移至图片任意控制点上，按住鼠标左键，拖动光标至满意位置，释放鼠标即可调整大小，如下图所示。

步骤 05 选择图片裁剪样式。选中图片，在"图片工具—格式"选项卡的"大小"组中，单击"裁剪"下拉按钮，选择"裁剪为形状"选项，在其级联列表中，选择所需形状，如下图所示。

步骤 06 裁剪图形。选择完成后，被选中的图片就被裁剪成所需形状样式了，如下图所示。

步骤 07 调整图片裁剪形状。选中图片，在"裁剪"下拉列表中，选择"调整"选项，如下图所示。

步骤 08 调整裁剪位置。将光标移至图片任意裁剪控制点上，按住鼠标左键，拖动光标至满意位置即可调整，如下图所示。

步骤 09 查看裁剪效果。调整完毕后，单击文档任意位置，即可完成裁剪，如下图所示。

4 设置图片格式

图片插入完毕后，可对当前的图片格式进行调整，操作如下。

步骤 01 选择图片边框样式。选中图片，在"图片工具—格式"选项卡的"图片样式"组中，单击"图片边框"下拉按钮，在"粗细"级联列表中选择满意的边框样式，如下图所示。

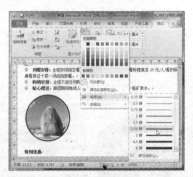

步骤 02 选择边框颜色。选中图片，在"图片边框"下拉列表中，选择满意的边框颜色，如下图所示。

步骤 03 查看效果。此时图片边框已发生了变化，如下图所示。

步骤 04 四周型环绕排列图片。选中图片，在"图片工具—格式"选项卡的"排列"组中，单击"自动换行"下拉按钮，选择"四周型环绕"选项。

步骤 05 查看效果。选择完成后，被选中图片的排列方式已发生了变化，如下图所示。

5 插入其他图片

利用"图片"功能，将图片插入至文档合适位置，利用"裁剪"功能，将图片裁剪成大小不等的圆形，然后将图片设置为"四周型环绕"排列方式，如下图所示。

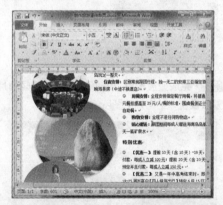

操作提示

选中衬于文本下的图片操作

当图片衬于文档的文字下时，想要选中该图片，就需要在"开始"选项卡的"编辑"组中，单击"选择"下拉按钮，选择"选择对象"选项即可选中。

步骤 01 设置图片格式。按照以上设置图片格式的方法，设置插入图片的格式，如下图所示。

步骤02 设置图片叠放方式。选择中间一张图片，在"图片工具—格式"选项卡的"排列"组中，单击"上移一层"下拉按钮，选择"置于顶层"选项，如下图所示。

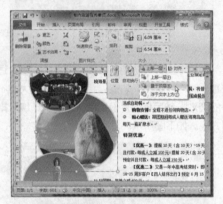

步骤03 完成叠放设置。选择完成后，完成图片的叠放设置，结果如下图所示。

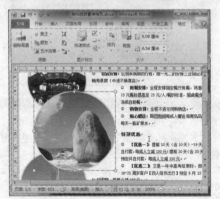

步骤04 设置其他图片叠放方式。按照同样的操作，完成剩余图片的叠放操作。

6 添加图片文本

在图片中添加文本的操作如下。

步骤01 插入文本框样式。选中图片，在"插入"选项卡的"文本"组中单击"文本框"下拉按钮，选择简单的文本框样式插入。

步骤02 输入文本框内容。选中插入的文本框，按住鼠标左键，拖动文本框至图片中合适位置，并输入文本内容，如下图所示。

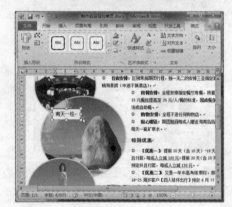

步骤03 选择文本方向。选中文本框，在"绘图工具—格式"选项卡的"文本"组中，单击"文字方向"下拉按钮，选择"垂直"选项，如下图所示。

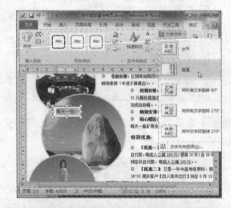

操作提示

文本框的链接

文本框的链接是指将两个以上的文本框链接在一起，如果文字在上一个文本框中已排满，则在链接的下一个文本框中接着排下去。选中第1个文本框，单击"创建文本框链接"命令，选择第2个文本框即可操作。

步骤 04 设置文本框格式。适当调整文本框的大小，选中文本框，将"形状填充"设为"无填充"，将"形状轮廓"设为"无轮廓"，并将文本字体设为"黑体"，字体颜色设为"黄色"，结果如下图所示。

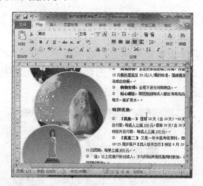

步骤 05 复制文本框修改内容。选中该文本框，按Ctrl键将其复制到其他图片合适位置处，并将其内容做相应的修改。

2.2.3 制作宣传页页尾内容

为了统一页面效果，用户可适当对宣传页尾内容进行设置，方法如下。

步骤 01 复制分割线。选中分割线，按Ctrl键同时按住鼠标左键，拖动其至页尾合适位置，释放鼠标及Ctrl键，完成复制。

步骤 02 设置箭头方向。选中箭头，在"绘图工具—格式"选项卡中，单击"形状轮廓"下拉按钮，选择"箭头"选项，在级联列表中选择箭头方向，如下图所示。

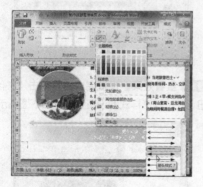

步骤 03 绘制矩形形状。插入矩形形状，设置好渐变色填充效果，如下图所示。

步骤 04 查看效果。设置完成后，查看矩形效果，如下图所示。

步骤 05 输入文本内容。选中矩形，单击鼠标右键，执行"添加文字"命令，在形状中添加相应的文本内容。

步骤 06 完成宣传单页的制作。输入完成后，用户可对文本格式稍加修饰。至此，旅游宣传单页已全部制作完毕，在"文件"选项卡中选择"打印"选项，即可预览其效果，如下图所示。

2.3 制作公司简报

通常简报是简短的、传递某方面信息的内部小报。它具有简、精、快、新、实、活和连续性等特点。而简报的主要内容包括调查报告、情况报告、工作报告和消息报道等。下面将以公司简报为例，介绍如何使用Word软件来制作简报。

2.3.1 设计简报报头版式

通常简报报头内容包括简报期号、印发单位和印发日期等。下面介绍制作简报报头的操作。

1 制作简报标题版式

简报标题通常印在简报首页，为了醒目起见，字号越大越好。

步骤 01 设置页面边距。新建文档，在"页面布局"选项卡中单击"页面设置"对话框启动按钮，打开对话框，将上、下、左、右页边距都设为"0.5厘米"，如下图所示。

步骤 02 插入矩形。单击"插入"选项卡中的"形状"下拉按钮，在文档右上角处绘制矩形形状，如下图所示。

步骤 03 设置矩形格式。选中矩形，在"绘图工具—格式"选项卡的"形状样式"组中，选择满意的形状样式，如下图所示。

步骤 04 设置矩形填充样式。选中矩形，单击"形状样式"对话框启动器按钮，选择"渐变填充"单选按钮，设置好样式，如下图所示。

步骤 05 查看效果。设置完成后，单击"关闭"按钮，完成矩形样式的设置操作，如下图所示。

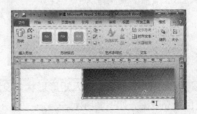

步骤 06 插入艺术字。在"插入"选项卡的"文本"组中，单击"艺术字"下拉按钮，选择满意的样式，并输入文本内容，如下图所示。

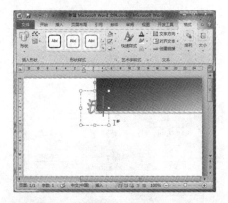

步骤 07 设置艺术字样式。选中艺术字，设置艺术字的字体和字号，并设置好艺术字的外观样式，如下图所示。

步骤 08 插入标题艺术字。单击"艺术字"下拉按钮，插入艺术字，并输入标题内容，然后设置好标题的字体和字号，结果如下图所示。

步骤 09 添加文本框。在"插入"选项卡的"文本"组中，单击"文本框"下拉按钮，选择样式后插入文本框，输入公司网址内容，如下图所示。

步骤 10 设置文本框样式。选中文本框的内容，设置好文本格式，并对文本框样式进行设置，结果如下图所示。

2 制作报纸期刊号版式

报头标题制作完成后，可制作期刊号及报纸印发内容的版式，具体操作如下。

步骤 01 绘制直线。选择"直线"形状，绘制直线，如下图所示。

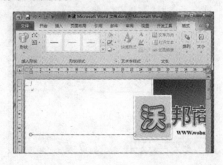

步骤 02 设置直线粗细样式。选中直线，单击"形状轮廓"下拉按钮，选择"粗细"选项，并在其级联列表中，选择"3磅"，如下图所示。

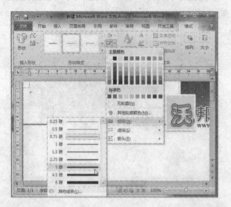

步骤 03 绘制矩形。选择"矩形"形状绘制矩形，并设置好填充颜色，结果如下图所示。

步骤 04 输入期刊号。选中矩形，单击鼠标右键，执行"添加文字"命令，并输入期刊号，如下图所示。

步骤 05 设置期刊内容格式。选中期刊内容，单击鼠标右键，执行"字体"命令，并在"字体"对话框中，对字体和字号进行设置，如下图所示。

步骤 06 查看结果。设置后，单击"确定"按钮，完成内容格式的设置操作，结果如下图所示。

步骤 07 组合图形。选中当前所有图形和艺术字，在"绘图工具—格式"选项卡的"排列"组中，单击"组合"下拉按钮，选择"组合"选项组合所有图形文字，如下图所示。

步骤 08 选择图片。单击"插入"选项卡中的"图片"按钮,在"插入图片"对话框中,选择公司标志图片,如下图所示。

步骤 09 插入图片。单击"插入"按钮,插入该图片。选中图片,调整其大小,并放置在文档合适位置,结果如下图所示。

步骤 10 设置图片排列方式。选中插入的图片,在"图片工具—格式"选项卡的"排列"组中,单击"自动换行"下拉按钮,选择"浮于文字上方"选项,如下图所示。

步骤 11 调整图片位置。选中图片,按住鼠标左键,拖动图片至满意位置,释放鼠标即可调整图片位置。

步骤 12 插入文本框。单击"文本框"下拉按钮,插入简单文本框,输入文本内容,结果如下图所示。

步骤 13 设置文本框格式。选中文本框,将文本框设为无轮廓、无填充,并设置其文本格式,结果如下图所示。

操作提示

插入图文框
若想插入图文框,可先插入一个空白文本框,然后右击该文本框,选择"设置文本框格式"命令,在打开对话框的"文本框"选项卡中,单击"转变为图文框"按钮,在提示框中,单击"确定"按钮即可完成。

2.3.2 设计简报内容版式

完成简报报头版式设计后,接下来需要设计简报正文版式。为了排版方便,用户只需使用文本框功能进行设计即可。

步骤 01 插入文本框。单击"文本框"下拉按钮,插入简单的文本框,并将其放置在正文合适的位置,如下图所示。

步骤 02 输入内容。选中文本框,并在该文本框中输入所需内容,结果如下图所示。

步骤 03 插入项目符号。在文本框中,选中所需文本内容,单击"项目符号"下拉按钮,插入相应的符号,如下图所示。

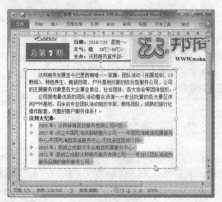

步骤 04 设置文本框粗细。选中文本框,在"绘图工具—格式"选项卡的"形状样式"组中,单击"形状轮廓"下拉按钮,选择"粗细"选项,并在其级联列表中,选择"1.5磅",如下图所示。

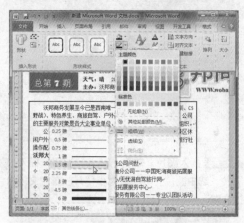

步骤 05 设置文本框线型。选中文本框,单击鼠标右键,执行"设置形状格式"命令,在打开的对话框中,选择"线型"选项,并在右侧选项面板"短划线类型"下拉列表中,选择满意的线型,如下图所示。

高手妙招

设置五颜六色的文字

在默认状态下,输入的文字是黑色,当然用户可在"字体颜色"列表中,对文字颜色进行设置。若想设置成文字五颜六色的效果,只需在"字体颜色"下拉列表中,选择"渐变"选项,并在其级联列表中,选择"其他渐变"选项,在"设置文本效果格式"对话框中,单击"渐变填充"单选按钮,然后对渐变颜色进行选择即可。

步骤 06 **设置文本框颜色。** 在该对话框中，选择"线条颜色"选项，并在相应选项面板的"颜色"下拉列表中，选择满意的颜色，如下图所示。

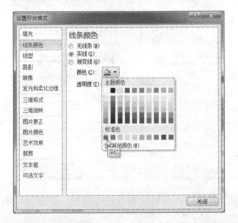

步骤 07 **查看设置效果。** 设置后，单击"关闭"按钮，完成文本框线格式的设置，如下图所示。

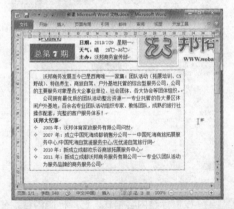

步骤 08 **插入矩形。** 选择"矩形"形状并绘制矩形，将其放置在文本框满意位置处，如下图所示。

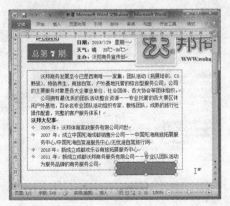

步骤 09 **输入文字内容。** 选中矩形，单击鼠标右键，执行"添加文字"命令，输入文本内容，如下图所示。

步骤 10 **设置矩形格式。** 选中矩形，将"形状填充"的颜色设置为"白色"，将"形状轮廓"设置为"无轮廓"，结果如下图所示。

步骤 11 **设置字体格式。** 在矩形形状中，选中输入的文本，在"字体"组中，对其格式进行设置，结果如下图所示。

步骤 12 插入其他文本框。单击"文本框"下拉按钮，插入其他文本框样式，设置好版式，如下图所示。

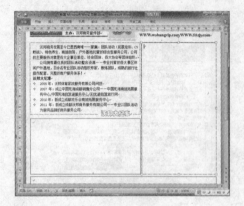

步骤 13 输入文本框内容。在右侧文本框中，输入文本内容，结果如下图所示。

步骤 14 设为文本框边线。选中该文本框，将"形状填充"设置为"无填充"，将"形状轮廓"设置为"无轮廓"，结果如下图所示。

步骤 15 插入矩形。选择"矩形"形状并绘制矩形，将其放置该文本框首位，如下图所示。

步骤 16 输入标题内容。选中矩形，单击鼠标右键，执行"添加文字"命令，输入标题内容，如下图所示。

步骤 17 设置标题内容格式。选择标题内容，在"字体"组中，对其文本格式进行设置，如下图所示。

步骤18 设置矩形格式。选中标题矩形形状，打开"设置形状格式"对话框，设置其相关填充选项，如下图所示。

步骤19 查看设置效果。适当调整好标题文本颜色，查看设置结果，如下图所示。

步骤20 插入表格。选中另一文本框，输入标题内容，设置好其字体格式，在"插入"选项卡的"表格"组中，选择插入1行2列表格，如下图所示。

步骤21 输入表格内容。选中表格第1个单元格，输入文本内容，如下图所示。

步骤22 设置表格列宽。选中表格中线，当光标呈双向箭头显示时，按住鼠标左键不放，向右拖动该箭头至满意位置，释放鼠标即可调整列宽，如下图所示。

步骤23 选择图片。选中表格中第2个单元格，在"插入"选项卡中单击"图片"选项，并在"插入图片"对话框中，选择所需图片，如下图所示。

步骤 24 插入图片。单击"插入"按钮，插入该图片。插入完成后，选中图片任意控制点，按住鼠标左键，拖动控制点至满意位置，则可调整图片大小，结果如下图所示。

步骤 25 设置图片对齐方式。选中图片，单击"表格工具—布局"选项卡的"对齐方式"下拉按钮，选择"水平居中"选项，完成设置图片对齐方式，如下图所示。

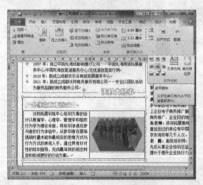

步骤 26 隐藏表格边框。全选表格，在"开始"选项卡的"段落"组中，单击"边框"下拉按钮，选择"无框线"选项，如下图所示。

步骤 27 设置文本框边线。选择完成后，即可隐藏表格框线。然后将文本框设置为"无填充"和"无边框"，结果如下图所示。

步骤 28 设置标题底纹。选中该文本框的标题文本，在"段落"组中，单击"边框和底纹"下拉按钮，在打开的对话框中，对底纹颜色进行设置，如下图所示。

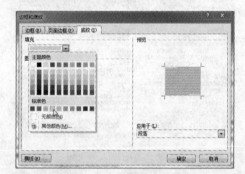

步骤 29 查看结果。设置完成后，单击"确定"按钮，完成标题底纹设置，如下图所示。

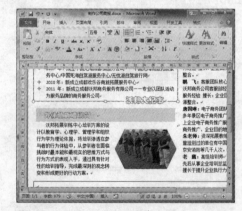

操作提示

解决文本框中图片环绕问题

在文本框中，如想将插入的图片进行图片环绕设置，则需使用表格功能。因为在文本框中，选中插入的图片时在相应的图片选项卡中，其"自动换行"命令为灰色不可用。所以，只有启动表格功能，才有可能实现图文混排操作。

步骤 30 插入表格。选中下一文本框，单击"表格"下拉按钮，插入1行2列表格，并选中表格第2个单元格，输入文本内容，如下图所示。

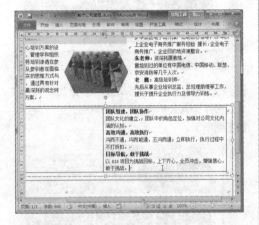

步骤 31 插入图片。选中表格首个单元格，单击"图片"按钮，插入相应图片，然后设置图片对齐方式及大小，其结果如下图所示。

步骤 32 隐藏表格。全选表格，在"表格工具—设计"选项卡的"表格样式"选项组中，单击"边框"下拉按钮，选择"无框线"选项，即可隐藏表格边框。

步骤 33 设置文本框。选中文本框，将"形状填充"设置为"绿色"，"形状轮廓"为"长点划线"，"粗细"为"1.5磅"，如下图所示。

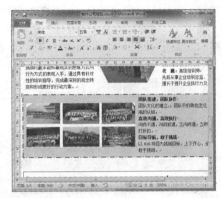

步骤 34 输入文本框标题。在该文本框左下角，绘制矩形形状，并在该形状中输入文本标题，对其标题文本格式进行设置，将矩形设为"无填充"、"无轮廓"，结果如下图所示。

步骤 35 插入图片。选中最后一个文本框，插入相应的图片，如下图所示。

步骤 36 设置文本框线。选中该文本框，在"绘图工具—格式"选项卡的"形状样式"选项组中，将"形状填充"设为"无填充"；将"形状轮廓"设为"加粗，1.5磅"，并将其虚线设为"圆点"，轮廓颜色设为"深红"结果如下图所示。

步骤 37 设置标题格式。绘制矩形形状，输入标题内容，然后设置标题内容格式，结果如下图所示。

步骤 38 设置矩形格式。将矩形的"形状填充"设置为"白色"、"形状轮廓"设为"无轮廓"，将文本颜色设为"深红"，然后将其标题移动至该文本框右上角合适位置处，如下图所示。

2.3.3 设计简报报尾版式

简报正文版式设置完成后，下面将对报尾版式进行设置。

步骤 01 绘制矩形。绘制两个矩形，并对其套用形状样式，结果如下图所示。

步骤 02 输入内容。在小矩形中，添加页码，在大矩形中输入公司名称，并对其格式进行设置，如下图所示。

步骤 03 查看最后效果。设置完成后，切换至"文件"选项卡，选择"打印"选项，并在右侧预览区域中，查看最后效果，如下图所示。

3

Chapter

使用Word制作
带表格的文档

在日常工作中，有时会根据文档内容的需要，插入一些表格数据，使文档更丰富，内容更明确。本章以案例的形式，介绍如何制作表格文档，其中涉及到的操作包括：插入表格、修饰表格以及表格数据的基本运算等。

3.1 制作公司招聘简章

作为一名公司行政人员，拟定公司招聘方案是常有的事。而一份好的招聘简章，可以吸引更多的应聘人员，从而提高公司招聘效率。下面以制作某公司招聘简章为例，来介绍Word表格的插入操作。

3.1.1 输入简章内容

启动Word软件，新建空白文档，并对文档页面尺寸进行设置，即可输入简章内容，具体操作如下。

步骤 01 设置纸张方向。新建空白文档，切换至"页面布局"选项卡，在"页面设置"组中，单击"纸张方向"下拉按钮，选择"横向"选项即可完成设置，如下图所示。

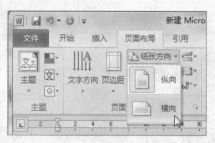

步骤 02 设置页面边距。单击"页面设置"对话框启动器按钮，打开"页面设置"对话框，将页边距设为1.5，如下图所示。

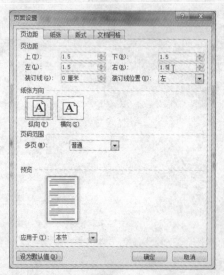

步骤 03 输入简章标题内容。在文本插入点处输入标题内容，如下图所示。

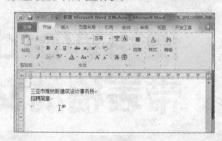

步骤 04 输入简章正文内容。按Enter键，另起一行，输入简章正文内容，如下图所示。

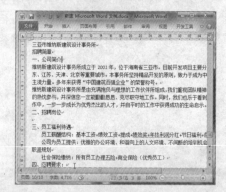

步骤 05 设置标题文本格式。将简章标题文本字体设置"黑体"、字号为"小一"，如下图所示。

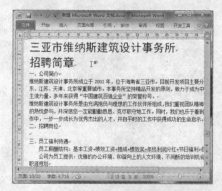

步骤06 设置标题段落格式。将简章标题设置为居中显示，如下图所示。

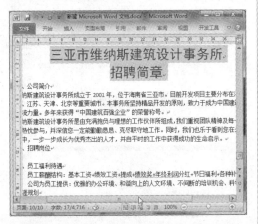

步骤07 打开"字体"对话框。选中"招聘简章"文本字样，单击鼠标右键，执行"字体"命令，在打开的对话框中，切换至"高级"选项卡。

步骤08 设置字符间距。单击"间距"下拉按钮，选择"加宽"选项，将"磅值"设为"6磅"，如下图所示。

高手妙招

使用悬浮工具栏设置格式

在文档中选择所需设置的文本内容，此时会显示悬浮工具栏。在该工具栏中，用户同样可对文本的字体、字号以及对齐方式进行设置。

步骤09 完成设置。此时被选中的文本的间距已发生了变化，如下图所示。

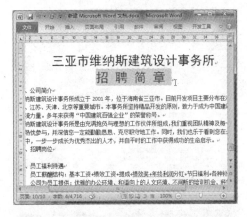

步骤10 设置正文字体格式。选中正文段落标题文本，在"字体"组中，将字体设为"黑体"，字号设为"四号"，如下图所示。

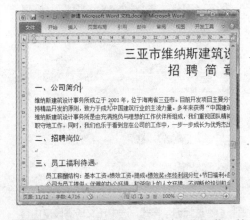

步骤11 设置正文段落格式。选中正文段落，并设置"缩进值"，结果如下图所示。

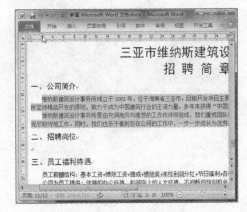

步骤 12 选择项目符号样式。选中所需段落内容，单击"项目符号"下拉按钮，在下拉列表中，选择满意的项目符号，如下图所示。

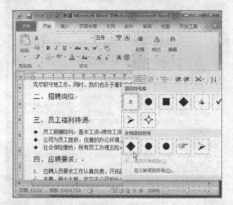

步骤 13 查看设置效果。选择完成后，被选中的段落已添加了项目符号，如下图所示。

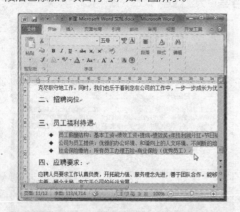

步骤 14 选择编号样式。选中正文所需段落内容，单击"编号"下拉按钮，选择编号样式，如下图所示。

步骤 15 查看效果。选择完成后，即可插入相应的编号样式，适当调整段落缩进值，结果如下图所示。

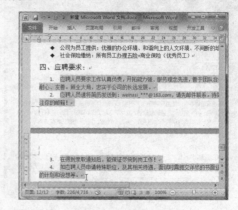

3.1.2 插入职位表格

要在文档中插入表格，方法有多种，下面以"插入表格"的方法来介绍具体操作步骤。

1 插入表格

插入表格的方法如下。

步骤 01 启动"插入表格"功能。将文本插入点定位至所需位置，切换至"插入"选项卡，在"表格"组中，单击"表格"下拉按钮，选择"插入表格"选项，如下图所示。

步骤 02 输入行数、列数。在"插入表格"对话框中，将"列数"设为6，将"行数"设为5，单击"确定"按钮，如下图所示。

步骤 03 插入表格。此时在文本插入点处，即可插入该表格，如下图所示。

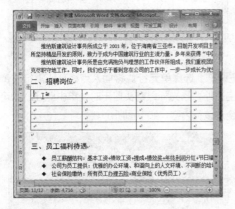

2 输入表格内容

当表格插入完成后即可输入表格内容了，方法如下。

步骤 01 输入表头内容。将文本插入点定位至该表格第1行的第1单元格，输入表头内容，如下图所示。

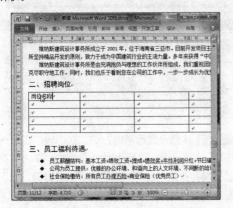

步骤 02 输入表头其他内容。按Tab键，此时文本插入点已定位至第1行第2单元格，输入内容，按照同样方法输入表头其他内容，如下图所示。

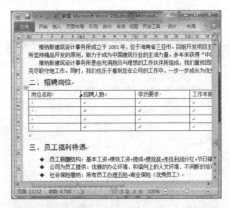

步骤 03 全选表格。单击表格左上角十字型图标
⊞即可全选表格，如下图所示。

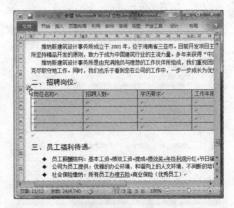

步骤 04 输入表格剩余内容。按照以上操作方法，输入表格中的其他内容。

3.1.3 调整表格内容

表格内容输入完毕后，通常都会对表格及表格文本格式进行相应的调整，包括列宽和行高的设置，表格文本对齐方式以及表格行、列插入操作等。

1 调整表格行高和列宽

在一张表格中，有的单元格内容很满，而有的却十分宽松，这样的表格看上去十分难看，此时用户需对表格的行高和列宽进行调整，方法如下。

步骤 01 **调整列宽。**选中需要调整的列，将光标移至该列的分割线上，当插入点呈左右箭头样式时，按住鼠标左键不放，将其拖动至满意位置即可，如下图所示。

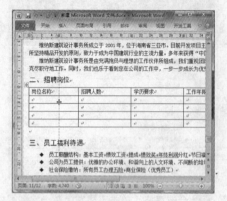

步骤 02 **完成调整。**拖动好后，释放鼠标即可调整该列宽，如下图所示。

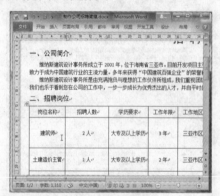

步骤 03 **调整表格其他列宽。**按照同样的操作，对表格其他列进行列宽调整操作，结果如下图所示。

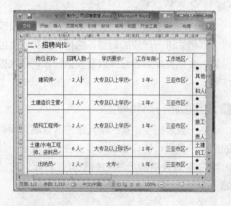

步骤 04 **调整行高。**行高的调整与列宽类似，选中表格所需调整的行，将光标移至行分割线上，当光标呈上下箭头显示时，按住鼠标左键不放，拖动分割线至满意位置，释放鼠标即可完成调整操作，如下图所示。

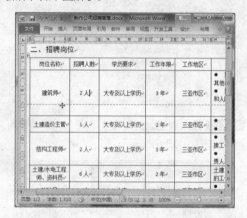

步骤 05 **选择单元行。**将插入点移至所需行左侧空白处，当光标以箭头显示时，单击此处，即可全选该行内容，如下图所示。

高手妙招

设置表格文本对齐方式

若想设置文本的对齐方式，可通过以下方法进行操作：选中表格所需调整的文本内容，在"表格工具—布局"选项卡的"对齐方式"组中，单击所需对齐按钮即可。

步骤 06 **其他设置行高的方法。**在"表格工具—布局"选项卡的"单元格大小"组中，单击"高度"微调按钮，即可对当前行高进行微调，如下图所示。

步骤 07 同样方法调整列宽。选中所需列宽，在"单元格大小"组中，单击"宽度"微调按钮，如下图所示。

② 插入空白单元行或列

有时会根据需要，对当前表格的内容进行添加，此时需使用行和列的插入功能，操作如下。

步骤 01 选择插入位置。将文本插入点定位至所需单元行，切换至"表格工具—布局"选项卡，在"行和列"组中，根据需要单击"在上方插入"按钮，如下图所示。

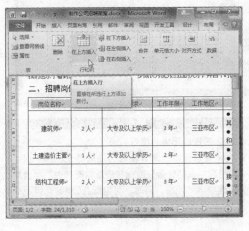

步骤 02 插入单元行。选择完成后，在文本插入点所在行的上方，即可插入空白行，如下图所示。

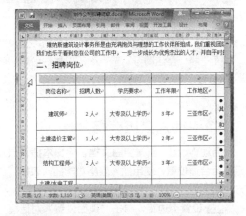

步骤 03 选择插入位置。将文本插入点定位至所需单元列，在"行和列"组中，根据需要单击"在右侧插入"按钮，如下图所示。

步骤 04 插入列。选择完成后，在光标所在列的右侧即可插入空白列，如下图所示。

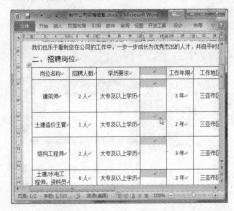

3.2 制作个人简历

  简历制作得好坏，直接影响到应聘效果。好的个人简历，可使招聘人员眼前一亮，并能够耐心阅览。简历不宜做得太过花哨，否则会起反作用。在制作简历时，需做到内容精炼、不拖拉；页面干净、整洁即可。毕竟简历只是一份敲门砖，展示好自己的工作能力才是最主要的。下面以制作个人简历模板为例，来介绍Word表格的修饰操作。

3.2.1 插入简历表格

  启动Word，新建空白文档。将文本插入点定位至合适位置，使用插入表格功能插入表格，方法如下。

步骤 01 设置页边距。单击"页面设置"对话框启动器按钮，打开"页面设置"对话框，将当前文档的页面边距都设置为2，如下图所示。

步骤 02 自动"插入表格"功能。切换至"插入"选项卡，在"表格"组中，单击"表格"下拉按钮，在下拉列表中，选择所需的行数及列数，这里为"4×8表格"，如下图所示。

步骤 03 自动插入表格。选择完成后，在文本插入点处，即可自动插入相应的表格，如下图所示。

步骤 04 选择多行。定位文本插入点至第5行第1单元格处，按住鼠标左键不放，拖动至表格末尾单元格，释放鼠标即可选择多行，如下图所示。

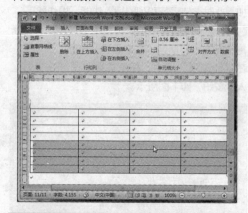

操作提示

选择单元格的技巧

  在选择单个单元格时，注意将光标移动到单元格靠左端的位置，当指针变成斜箭头时，单击鼠标选中该单元格。同时，可以配合Ctrl键选择不连续的单元格。

步骤 05 拖动单元行。选择完成后，将光标移至被选单元行中，当光标以箭头图标显示时，按住鼠标左键不放，将其拖曳至表格下方的回车符上，如下图所示。

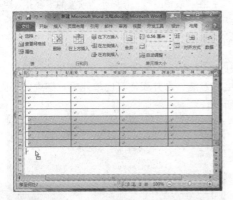

步骤 06 插入多行。释放鼠标，即可在表格下方一次性插入被选的4个空白行，如下图所示。

步骤 07 选择多个单元格。将文本插入点定位至表格第4列第1单元格，按住鼠标左键不放拖动至该列第6单元格，如下图所示。

步骤 08 启动"拆分单元格"功能。切换至"表格工具—布局"选项卡，在"合并"组中，单击"拆分单元格"按钮，如下图所示。

步骤 09 输入拆分值。在"拆分单元格"对话框中，在"列数"文本框中输入2，如下图所示。

步骤 10 完成拆分操作。单击"确定"按钮，可将被选中的单元格进行拆分，结果如下图所示。

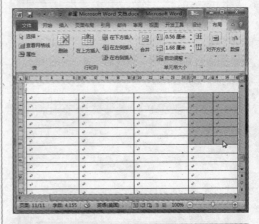

操作提示

拆分前合并单元格说明
拆分前合并单元格是指在拆分前先将选定单元格合并为一个，就像是对这一个单元格进行再拆分。

步骤 11 选择多个单元格。使用鼠标拖曳的方法，选择表格第1行第2~第4单元格，如下图所示。

步骤 12 启动"合并单元格"功能。在"表格工具—布局"选项卡的"合并"组中，单击"合并单元格"按钮，如下图所示。

步骤 13 合并单元格。完成后，被选中的单元格已合并，如下图所示。

步骤 14 合并其他单元格。按照以上合并单元格的方法，合并表格其他单元格，结果如下图所示。

3.2.2 填写并设置表格内容

插入表格完毕后，用户可根据需要填写表格内容，具体操作如下。

步骤 01 插入标题行。将文本插入点定位至首行末尾处，按Ctrl+Shift+Enter键，插入标题空白行，如下图所示。

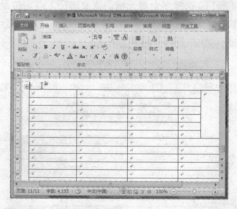

步骤 02 输入表格标题内容。在标题行中，输入表格内容，例如"个人简历"字样。

步骤 03 设置标题格式。选中标题内容，将字体设为"黑体"，将字号设为"一号"，结果如下图所示。

步骤 04 设置标题文本间距。选中标题内容，将其设置为"居中"，打开"字体"对话框，切换至"字体"选项卡，将"间距"设为"加宽"，将"磅值"设为"4磅"，如下图所示。

步骤 05 查看效果。设置完成后，单击"确定"按钮，即可查看设置效果，如下图所示。

步骤 06 输入简历模板内容。将文本插入点定位至单元格内，并输入简历相关内容，如下图所示。

步骤 07 启动"文字方向"功能。选择所需单元格，切换至"表格工具—布局"选项卡，在"对齐方式"组中，单击"文字方向"按钮，如下图所示。

步骤 08 输入竖版文本。在"对齐方式"组中，选择好对齐方式，此时在单元格内输入的内容，则以纵向进行排列，如下图所示。

Chapter **3** 使用Word制作带表格的文档

步骤 09 设置文本对齐方式。将表格内所有文本以水平居中显示，如下图所示。

步骤 10 调整表格列宽。选中所需单元列，使用鼠标拖曳的方式，调整表格的列宽，结果如下图所示。

步骤 11 调整表格行高。选中表格所需单元行，在"表格工具—布局"选项卡的"单元格大小"组中，单击"高度"微调按钮，调整好该表格的行高值，结果如下图所示。

3.2.3 设置表格样式

表格样式的设置包括添加表格底纹、表格边框线、设置表格内容字体等。下面将介绍其具体操作方法。

1 设置表格文本格式

表格文本格式可根据需要对其进行设置，方法如下。

步骤 01 设置字体格式。选中表格中所需字体，在"字体"组中，设置文本的"字体"和"字号"，如下图所示。

步骤 02 复制格式。利用"格式刷"功能，将设置好的文本格式复制到其他文本内容上，如下图所示。

步骤 03 调整文本间距。将表格某些文本间距进行微调。

2 设置表格边框

如果想要对表格边框线进行设置，可通过以下方法进行操作。

步骤 01 启动"绘制边框"功能。全选表格，单击"表格工具—设计"选项卡的"绘图边框"对话框启动器按钮，打开相应对话框，如下图所示。

步骤 02 设置边框样式。在"边框和底纹"对话框的"边框"选项卡中，选择"方框"选项，并在"样式"列表中选择线型样式，如下图所示。

高手妙招

设置其他类型边框

默认设置的边框是"口"子形状的，用户可以通过单击预览视图中的边框按钮，来添加或删除表格边框。

步骤 03 选择内框线。在该对话框中，选择"自定义"选项，在"样式"列表中，选择默认线型样式，并在"预览"视图中，单击表格内框线按钮，如下图所示。

步骤 04 查看效果。设置完成后，单击"确定"按钮，完成表格边框的设置，如下图所示。

3 设置表格底纹

为表格添加底纹，可美化其表格外观，方法如下。

步骤 01 启动"底纹"功能。选中所需单元格，打开"边框和底纹"对话框，切换至"底纹"选项卡，在"填充"下拉列表中，选择满意的底纹颜色，如下图所示。

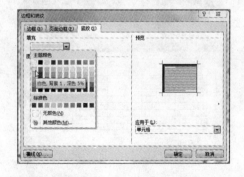

步骤 02 查看效果。设置完成后，单击"确定"按钮，即可查看设置效果。按照同样的操作，将其他单元格进行底纹添加操作。

3.3 制作公司办公开支统计表

通常一些简单的办公报表或统计表，可使用Word软件轻松制作。利用Word表格中的公式功能，可对表格数据进行一些简单的计算。下面以制作办公开支统计表为例，介绍Word公式功能的操作。

3.3.1 插入表格并输入内容

新建文档，使用插入表格功能轻松插入所需表格，并对表格内容进行输入操作。

步骤 01 设置页面尺寸。新建文档，在"页面设置"对话框中将"纸张大小"设为"16开"，将页边距设为1.5，如下图所示。

步骤 02 插入表格。单击"插入表格"下拉按钮，插入一个8行5列的表格，如下图所示。

步骤 03 输入表格标题。将文本插入点置于表格末尾处，按Ctrl+Shift+Enter键，插入标题，并输入表格标题内容，如下图所示。

步骤 04 启动"绘制表格"功能。在"插入"选项卡的"表格"下拉列表中，选择"绘制表格"选项，如下图所示。

步骤 05 绘制标题行。当光标呈铅笔形状时，按住鼠标左键不放，拖曳光标至满意位置，如下图所示。

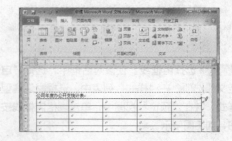

步骤06 **完成绘制。**释放鼠标，完成标题行的绘制操作，结果如下图所示。

步骤07 **输入表格内容。**将文本插入点定位至单元格内，输入表格内容，如下图所示。

步骤08 **设置标题内容格式。**将标题文本字体设为"黑体"，将字号设为"四号"，并将其水平居中显示，结果如下图所示。

步骤09 **设置表格内容格式。**按照同样操作，设置表格文本内容，结果如下图所示。

步骤10 **设置表格行高。**选中表格内容，在"高度"微调框中，调整好表格的行高值，结果如下图所示。

步骤11 **绘制表头斜线。**选中表头第1单元格，切换至"表格工具—设计"选项卡，在"表格样式"组中，单击"边框"下拉按钮，选择"斜下框线"选项，如下图所示。

步骤 12 查看斜线效果。选择完成后，被选中的单元格会自动添加斜线，如下图所示。

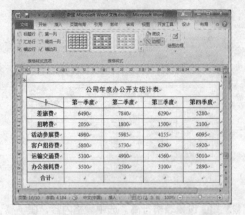

3.3.2 统计表格数据

在Word表格中，用户可对表格数据进行简单的统计，例如数据运算、数据排序等。下面将对其操作进行介绍。

1 数据计算

想要对表格数据进行计算，可利用"公式"功能轻松完成，具体操作如下。

步骤 01 定位结果单元格。在该表格中，将文本插入点定位至运算结果单元格，这里定位至第2列末尾单元格，如下图所示。

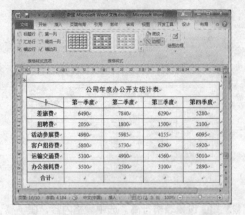

高手妙招

计算行数据的和

本例介绍了列的求和步骤，行的求和步骤同列类似，在行末尾的单元格使用插入公式时，使用默认公式=SUM(LEFT)即可计算该行的和。

步骤 02 启动"公式"功能。切换至"表格工具—布局"选项卡，在"数据"组中，单击"公式"按钮，如下图所示。

步骤 03 计算合计值。在"公式"对话框中，系统默认公式为求和公式，此时，单击"确定"按钮，如下图所示。

步骤 04 计算结果。此时，在结果单元格中，即可显示求和结果值，如下图所示。

步骤 05 计算其他合计值。按照以上求和方法，计算表格其他合计值，结果如下图所示。

2 数据排序

若要对表格的数据进行排序，可使用"排序"功能，具体操作如下。

步骤 01 选择所需数据。在表格中，选中要排序的单元行或列，这里选择"第一季度"单元列，如下图所示。

步骤 02 启动"排序"功能。在"表格工具—布局"选项卡的"数据"组中，单击"排序"按钮，结果如下图所示。

步骤 03 设置排序选项。在"排序"对话框的"主要关键字"文本框中，自动显示被选中的列，然后单击"升序"单选按钮，如下图所示。

步骤 04 完成排序。设置完成后，单击"确定"按钮，此时表格中被选数据以升序显示，如下图所示。

3.3.3 根据表格内容插入图表

为了使表格数据显示得更为直观，数据分析更为准确，可在文档中插入相关图表内容。下面将对图表插入操作进行介绍。

步骤 01 启动"图表"功能。将文本插入点定位至要插入图表的地方，切换至"插入"选项卡，在"插图"组中，单击"图表"按钮，如下图所示。

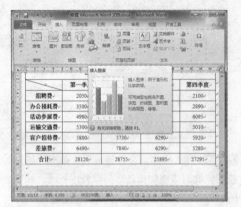

步骤 02 选择图表类型。在"插入图表"对话框中，选择图表类型，这里默认"簇状柱形图"图表，如下图所示。

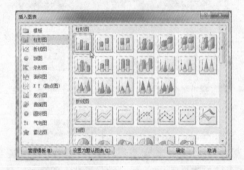

步骤 03 输入表格数据。稍等片刻，系统会自动打开Excel文档，在该文档中，根据提示输入所需数据内容，如下图所示。

步骤 04 插入图表。输入完成后，关闭Excel文档，此时在Word文档中则可显示图表内容，如下图所示。

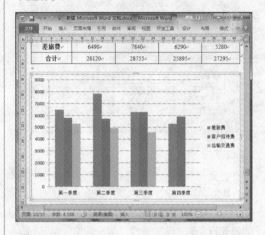

步骤 05 调整图表大小。选中图表，将光标移至图表任意控制点上，按住鼠标左键，拖动光标至满意位置，释放鼠标即可调整其大小，如下图所示。

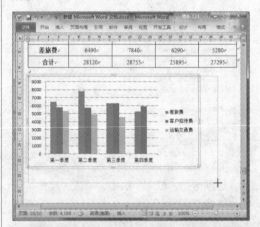

操作提示

使用其他公式计算

在"公式"对话框中，默认公式为求和，如果想使用其他公式，可先在"公式"文本框中删除求和公式（保留等号），然后单击"粘贴函数"下拉按钮，在下拉列表中，选择需要的公式，最后在"公式"文本框显示的公式参数中，根据需要输入Above或Left字符，按"确定"按钮即可完成计算操作。

3.3.4 美化表格

制作表格完毕后，用户可对表格进行一些必要的修饰，具体操作如下。

步骤 01 启动"边框和底纹"功能。选中表格标题行，在"表格工具—设计"选项卡的"表格样式"组中，单击"边框"下拉按钮，选择"边框和底纹"选项。

步骤 02 设置底纹颜色。在"边框和底纹"对话框中，切换至"底纹"选项卡，并在"填充"下拉列表中，选择满意的底纹颜色，如下图所示。

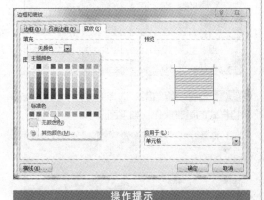

操作提示

快速添加表格底纹颜色
在Word表格中，选中所需单元格，在"表格工具—设计"选项卡的"表格样式"组中，单击"底纹"下拉按钮，选择满意的底纹颜色，同样也可添加底纹。

步骤 03 查看填充结果。单击"确定"按钮，即可查看标题行填充效果，如下图所示。

步骤 04 设置表头底纹颜色。选中表格表头内容，在"边框和底纹"对话框的"底纹"选项卡中，设置填充颜色，如下图所示。

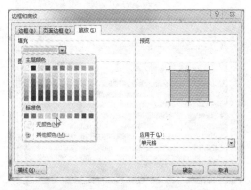

步骤 05 查看效果。设置完成后，关闭该对话框，完成表头底纹填充效果，如下图所示。

步骤 06 设置表格外框线型。全选表格，在"边框和底纹"对话框的"边框"选项卡中，选择"方框"选项，并在右侧"样式"选项列表中，选择边框线型，然后在"宽度"下拉列表中，选择合适的宽度值，如下图所示。

步骤 07 查看设置结果。单击"确定"按钮，查看设置结果，如下图所示。

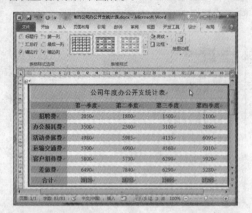

步骤 08 设置表格内框线型。选中表头及内容（除标题行），在"边框和底纹"对话框中，选择"自定义"选项，并在"样式"列表中，选择内框线样式，然后在"预览"视图中，单击"内框线"按钮，如下图所示。

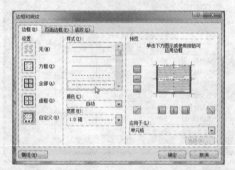

步骤 09 查看结果。单击"确定"按钮，即可查看设置好的表格样式，如下图所示。

步骤 10 选择内置表样式。Word内置了多种表样式。全选表格，在"表格工具—设计"选项卡的"表格样式"组中，单击"其他"按钮，选择表格样式，如下图所示。

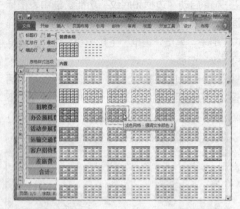

步骤 11 查看设置结果。选择完成后，即可完成表格样式的更改操作，如下图所示。

4
Chapter

使用Word模板
制作公司文件

Word 2010内置了多种模板样式，例如各种信函、简历、报表和传真等，同时用户也可通过Word 2010直接在Office.com上下载自己喜欢的模板来创建文件。使用模板可节省不必要的时间，提高工作效率。本章将以多种案例的形式，向用户介绍Word模板的创建与制作操作。

4.1 制作企业红头公文模板

　　"红头文件"是人们对行政公文的一种俗称，因公文头是红色而得名。通常一些企事业单位通过该公文来向员工或其他相关人员传达单位重要决策、调动及措施等信息。该公文看似简单，但制作起来较为麻烦。下面将以制作企业红头公文模板为例，介绍其制作方法。

4.1.1 制作公文头

　　公文头的字体和段落设置要求都比较严谨，用户需根据设置规范进行制作。

1 输入公文头内容

　　普通公文头内容包含发文机关名称、文号以及红色分割线三部分组成。下面介绍具体操作。

步骤01 设置页边距。打开"页面设置"对话框，将上边距设为3.7、下边距设为3.5，左、右两侧边距设为2.5，如下图所示。

步骤02 输入发文机关名称。输入发文机关内容，如下图所示。

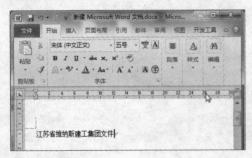

步骤03 设置字体格式。选中发文机关内容，将字体设为"黑体"，字号设为"一号"，颜色设为"红色"，如下图所示。

步骤04 设置段落格式。将发文机关内容设置为居中显示，并将"段前"设为3，"段后"设为2，如下图所示。

高手妙招

调整文本上下位置

　　若想调整文本的上下位置，可打开"字体"对话框，在"高级"选项卡的"位置"下拉列表中，设置"提升"或"降低"的参数值即可调整文本位置。

步骤 05 输入文号内容。按Enter键另起一行，输入公文文号内容，将字体设为"仿宋"，将字号设为"3号"，颜色设为"黑色"，如下图所示。

步骤 06 插入符号。单击"符号"下拉按钮，打开"符号"对话框，选择所需左括号样式，单击"插入"按钮，插入该符号，按照同样的操作，插入右括号，如下图所示。

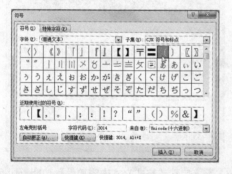

步骤 07 设置文号段间距。选中文号内容，在"段落"对话框中，将"段前"、"段后"都设为2，结果如下图所示。

步骤 08 绘制直线形状。切换至"插入"选项卡，在"形状"下拉列表中，选择直线形状，当光标呈实心十字形显示后，按住Shift键，绘制直线，如下图所示。

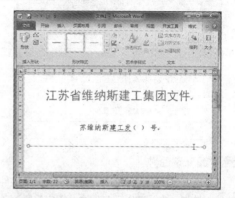

步骤 09 设置直线宽度。选中直线，单击鼠标右键，执行"设置形状格式"命令，在打开的对话框中，将线型的"宽度"设为"2.25磅"，如下图所示。

步骤 10 设置直线颜色。选中直线，在"设置形状格式"对话框中，将"线条颜色"设为"红色"，如下图所示。

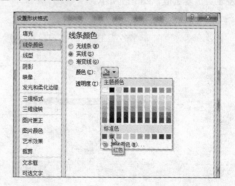

步骤11 调整直线位置。选中直线，按键盘上的方向键，对该直线位置进行调整，结果如下图所示。

2 添加文本控件

通常在模板中会根据需要添加一些文本控件功能。这样一来，在以后应用中，用户只需改动较少部分内容即可制作完成。

步骤01 启动Word选项对话框。切换至"文件"选项卡，选择"选项"选项，打开"Word选项"对话框，如下图所示。

步骤02 添加"开发工具"功能选项。选择"自定义功能区"选项，在其选项面板中，勾选"开发工具"复选框，如下图所示。

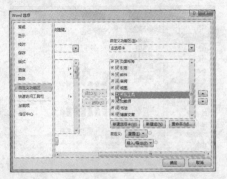

步骤03 完成添加。单击"确定"按钮，此时在Word功能区中，即可显示该选项卡，如下图所示。

步骤04 定位插入点。将文本插入点定位至公文头括号中，如下图所示。

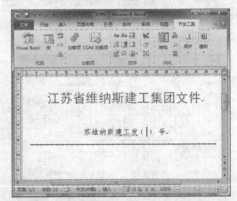

步骤05 启动"格式文本内容控件"功能。切换至"开发工具"选项卡，在"控件"组中，单击"格式文本内容控件"按钮，如下图所示。

步骤 06 **插入控件框。** 选择完成后，此时在文本插入点位置，可显示内容控件输入框，如下图所示。

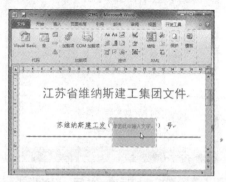

步骤 07 **启动"设计模式"功能。** 在"控件"组中，单击"设计模式"按钮，如下图所示。

步骤 08 **更改控件内的内容。** 在该控件输入框中，输入"输入年份"字样，如下图所示。

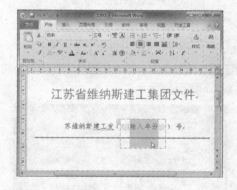

步骤 09 **取消设计模式。** 输入完成后，在此单击"设计模式"按钮，则可取消该模式。

步骤 10 **添加底纹。** 选中该控件；在"开始"选项卡中，单击"边框和底纹"按钮，打开相应的对话框，切换至"底纹"选项卡，设置好底纹颜色，如下图所示。

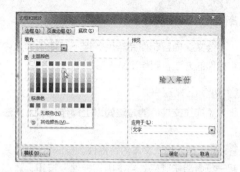

步骤 11 **查看效果。** 单击"确定"按钮，关闭对话框，此时控件中的文本已添加底纹，如下图所示。

步骤 12 **设置文号控件。** 按照同样的操作，设置文号控件，结果如下图所示。

高手妙招

快速删除内容控件

选中要删除的内容控件，单击鼠标右键，在快捷菜单中，执行"删除内容控件"命令即可删除。

4.1.2 制作公文正文内容

公文头内容制作完毕后，接下来使用插入内容控件的方法，制作正文内容。

1 制作正文控件

添加正文控件的方法同以上操作相似，方法如下。

步骤 01 插入格式文本内容控件。按Enter键，另起一行，单击"格式文本内容控件"按钮，添加控件输入框，如下图所示。

步骤 02 设置控件文本格式。单击"设计模式"按钮，并在"开始"选项卡的"字体"组中，将该文本字体设为"黑体"，文本字号设为"二号"，如下图所示。

步骤 03 更改控件内容。设置好后，选中该控件输入框，输入"单击此处输入标题"字样，如下图所示。

步骤 04 设置标题段后值。关闭"设计模式"功能，切换至"开始"选项卡，打开"段落"对话框，将"段后"值设为1，如下图所示。

步骤 05 添加底纹。选中该控件，为其添加底纹，结果如下图所示。

步骤 06 启动"控件属性"对话框。选中控件输入框，切换至"开发工具"选项卡，在"控件"组中，单击"属性"按钮，如下图所示。

步骤 07 设置RTF属性。在"内容控制属性"对话框中，勾选"内容被编辑后删除内容控件"复选框，如下图所示。

步骤 08 插入格式文本内容控件。在标题下方单击"格式文本内容控件"按钮，插入控件，单击"设计模式"按钮，更改内容，如下图所示。

步骤 09 设置主送段落值。将主送内容左对齐，并将其"段前"和"段后"值均设为0，结果如下图所示。

步骤 10 插入正文内容控件。将文本插入点定位至主送内容下方，插入"格式文本内容"控件，并单击"设计模式"按钮，输入控件内容，如下图所示。

步骤 11 设置控件文本格式。选中该控件文本，在"开始"选项卡的"字体"组中，将"字体"设为"仿宋"，将"字号"设为"三号"，如下图所示。

步骤 12 设置控件段落格式。选中该控件,将其"缩进值"设为2,将"行距"设为"固定值",数值为"28磅",如下图所示。

步骤 13 设置控件属性。选中该控件,单击"控件"组中的"属性"按钮,在打开的对话框中,将"标题"设为"正文",勾选"内容被编辑后删除内容控件"复选框,如下图所示。

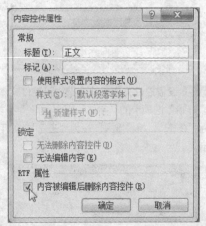

步骤 14 查看效果。单击"确定"按钮,完成设置操作,此时在该控件上方会显示"正文"标题,如下图所示。

步骤 15 启动"日期控件"功能。在正文下方三行的位置,切换至"开发工具"选项卡,在"控件"组中,单击"日期选取器内容控件"按钮,如下图所示。

步骤 16 插入日期控件。选择好后,即可显示日期控件,如下图所示。

步骤 17 设置日期控件属性。选中该控件，在"控件"组中，单击"属性"按钮，在打开的对话框中，将"标题"设为"发布时间"，在"日期显示方式"下拉列表中，选择所需选项，如下图所示。

步骤 18 设置日期文本格式。将该控件文本格式设置为"仿宋"、"三号"，并将其设为"右对齐"，如下图所示。

2 制作版记控件

公文版记大致是由"主题词"、"抄送机关"、"印发机关"、"印发时间"以及分割线组成。通常版记位于公文末尾处，下面将介绍版记内容的制作。

步骤 01 输入版记内容。在日期控件下方三行位置，输入公文版记内容，如下图所示。

步骤 02 设置主题词文本格式。选中"主题词"文本，将其字体设为"黑体"、字号设为"三号"、字形设为"加粗"，如下图所示。

步骤 03 设置其他版记文本格式。将版记其他文本的字体设为"仿宋"、字号设为"三号"、字形设为"常规"，结果如下图所示。

步骤 04 设置版记段落格式。选中版记内容，将其"段前"和"段后"值均设置为0.5，如下图所示。

步骤 05 绘制分割线。单击"直线"形状按钮，按住Shift键，绘制分割线，如下图所示。

步骤 06 设置分割线。选中该分割线，在"绘制工具—格式"选项卡中，单击"形状轮廓"下拉按钮，将颜色设为"黑色"、"粗细"设为"1磅"，如下图所示。

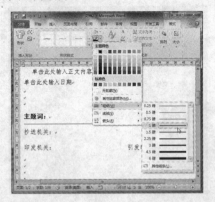

步骤 07 复制分割线。选中设置好的分割线，按Ctrl键，将其复制两条，并放置在版记合适位置，结果如下图所示。

步骤 08 插入主题词控件。将文本插入点定位至"主题词"字样后，单击"格式文本内容控件"按钮，插入控件，单击"设计模式"按钮，更换内容，如下图所示。

操作提示

其他控件介绍

在"控件"组中，除了可以使用"格式文本内容控件"功能之外，还可使用"纯文本内容控件"、"图片内容控件"、"组合框内容控件"等功能，其操作方法与"格式文本内容控件"相同，用户只需根据文档需要选择相应的控件选项即可。

步骤 09 设置主题词内容格式。将主题词内容文本的字体设为"仿宋"、字号设为"三号"、字形设为"加粗"，如下图所示。

步骤 10 插入其他控件。按照以上方法，插入版记其他内容控件，结果如下图所示。

4.1.3 保存模板文档

模板文档格式的后缀名为.dotx。当下次调用模板时，双击该格式文档即可调用。

步骤 01 打开"另存为"对话框。切换至"文件"选项卡，选择"另存为"选项，打开"另存为"对话框，如下图所示。

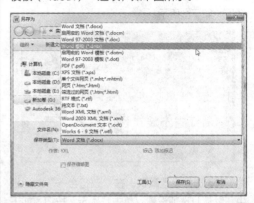

步骤 02 选择文档类型。设置好保存路径及文件名，单击"保存类型"下拉按钮，选择"Word模板（*.dotx）"选项，如下图所示。

步骤 03 完成保存。单击"保存"按钮，完成模板保存操作。当下次调用时，直接双击该模板文档，即可打开应用。

4.1.4 制作联合公文文头

若有两家或两家以上的机关单位联合发布公文，可叫做联合公文。该公文制作方法与红头公文相似，区别在于文头发文机关内容不同。下面介绍其具体操作方法。

步骤 01 输入发文机关名称。在文档合适位置处，输入所有发文机关的名称。

步骤 02 设置文本格式。选中发文机关名称，将字体设为"黑体"，字号设为"一号"，颜色设为"红色"，如下图所示。

步骤 03 启动"双行合一"功能。选中要合并的机关名称,在"开始"选项卡的"段落"组中,单击"中文版式"下拉按钮,选择"双行合一"选项,如下图所示。

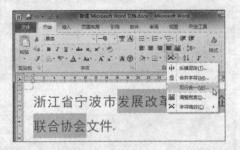

步骤 04 选择设置默认。在"双行合一"对话框中,默认其选项设置,单击"确定"按钮,如下图所示。

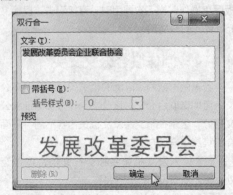

步骤 05 查看效果。设置完成后,查看设置效果,如下图所示。

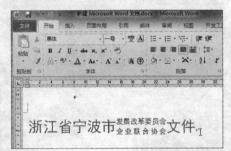

除了利用"双行合一"操作外,用户还可使用表格合并的方法进行操作,操作如下。

步骤 01 创建表格。单击"表格"下拉按钮,插入2行2列表格,并输入发文机关名称,如下图所示。

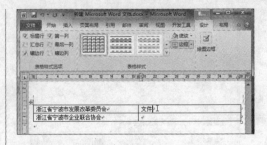

步骤 02 合并单元格。选择第2单元列,在"表格工具—布局"选项卡的"合并"组中,单击"合并单元格"按钮,进行合并,结果如下图所示。

步骤 03 隐藏表格线框。选中表格文本,设置表格文本的颜色、字体和字号,如下图所示。

步骤 04 全选表格,在"设计"选项卡中,单击"边框"按钮,选择"无框线"选项,即可隐藏表格线框,结果如下图所示。

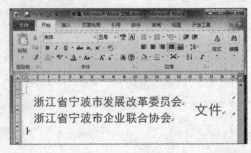

4.2 制作公司员工工作证

通常人们都会使用专业软件来制作公司工作证、会员证之类的证件。其实不然，灵活使用Word 2010中的"形状"、"图片"、"文本框"以及"艺术字"等功能，也能够制作出漂亮的证件来。下面以制作公司员工工作证为例，介绍其具体操作。

4.2.1 设计工作证版面

一般工作证是由公司名称、员工资料以及照片三大元素组成。制作时，需要对这些元素进行合理安排。

1 设置工作证页面尺寸

工作证的标准尺寸为：5.4cm×8.55cm，当然也有稍大尺寸的。用户可以根据公司需要来制作。

步骤01 设置页边距。启动Word软件，新建空白文档。打开"页面设置"对话框，将"页边距"均设为0.5，如下图所示。

操作提示

使用模板创建文档

切换至"文件"选项卡，选择"新建"选项，在"可用模板"中，选择"我的模板"选项，在打开的对话框中，选择所需模板，单击"确定"按钮即可。

步骤02 设置纸张大小。在"页面设置"对话框中，切换至"纸张"选项卡，将"纸张大小"设为"自定义"、将"宽度"设为5.4，将"高度"设为8.55，如下图所示。

步骤03 查看设置效果。单击"确定"按钮，关闭对话框，查看设置效果，如下图所示。

2 添加证件底纹图片

在工作证中适当添加一些图片，可让工作证看上去更为美观。

步骤 01 绘制矩形形状。单击"形状"按钮，选择"矩形"形状，并在文档底部绘制矩形，结果如下图所示。

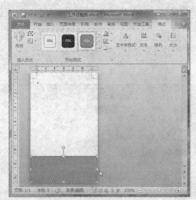

步骤 02 选择图片。在"绘图工具—格式"选项卡中，单击"形状填充"下拉按钮，选择"图片"选项，打开"插入图片"对话框，选择图片，如下图所示。

步骤 03 插入图片。单击"插入"按钮，即可完成矩形的填充操作，如下图所示。

步骤 04 设置矩形轮廓。单击"形状轮廓"下拉按钮，选择"无轮廓"选项，删除矩形轮廓。

步骤 05 调整矩形大小。选中矩形形状，调整矩形大小，结果如下图所示。

步骤 06 设置透明度。选择矩形，打开"设置图片格式"对话框，选择"填充"选项，设置图片透明度，如下图所示。

步骤 07 查看效果。设置完成后，单击"关闭"按钮，查看设置效果，如下图所示。

步骤 08 **绘制矩形。** 再次在页面页首绘制同样的矩形，如下图所示。

步骤 09 **设置矩形样式。** 单击"形状填充"下拉按钮，更改矩形颜色，并将"形状轮廓"设为"无轮廓"选项，如下图所示。

步骤 10 **绘制圆形形状。** 选择"椭圆形"形状，按住Shift键，绘制正圆形状，如下图所示。

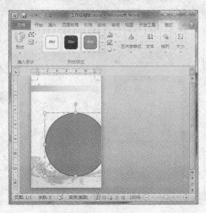

步骤 11 **填充图片。** 单击"形状填充"下拉按钮，选择"图片"选项，选择图片对其进行填充，如下图所示。

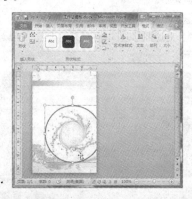

步骤 12 **设置图片格式。** 将圆形边框设为"无边框"，然后单击鼠标右键，执行"设置形状格式"命令，在打开的对话框中，设置好图片透明度，结果如下图所示。

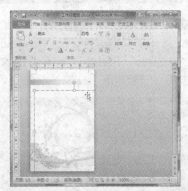

步骤 13 **调整图片大小和位置。** 选中图片，使用鼠标拖曳的方法，调整图片的大小和位置，结果如下图所示。

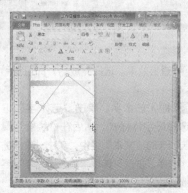

3 输入证件内容

证件背景设置完成后，接下来就可以输入证件内容了。

步骤 01 **输入公司名称。** 在文本插入点处，输入公司名称，并对其文本格式进行设置，结果如下图所示。

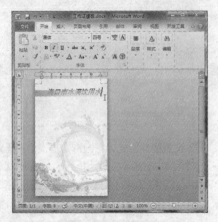

步骤 02 **设置文本底纹。** 选中矩形形状，切换至"绘图工具—格式"选项卡，在"排列"组中，单击"自动换行"下拉按钮，选择"衬于文字下方"选项，如下图所示。

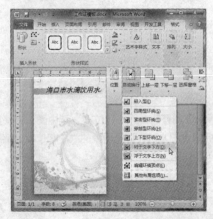

步骤 03 **查看效果。** 选择完成后，即可查看排列效果。

步骤 04 **插入艺术字。** 单击"艺术字"下拉按钮，选择好字体样式，然后在"绘图工具—格式"选项卡的"文本"组中，单击"文字方向"按钮，选择"垂直"选项，输入艺术字内容，如下图所示。

步骤 05 **插入文本框。** 切换至"插入"选项卡，在"文本"组中，单击"文本框"下拉按钮，选择满意的文本框样式，如下图所示。

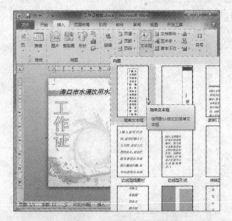

步骤 06 **输入文本内容。** 将文本框放置在文档合适位置，输入证件内容，如下图所示。

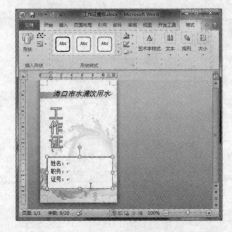

步骤 07 设置文本格式。选中所需文本内容，设置好其字体、字号和字形，如下图所示。

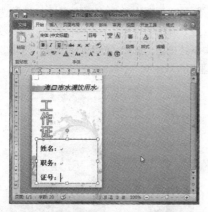

步骤 08 绘制下划线。在"字体"组中，单击"下划线"按钮，按空格键，绘制下划线，如下图所示。

步骤 09 设置文本框样式。选中文本框，将其边框及填充都设置为"无"，如下图所示。

步骤 10 绘制矩形形状。选择"矩形"形状，绘制矩形，并将其放置到文档合适位置处，如下图所示。

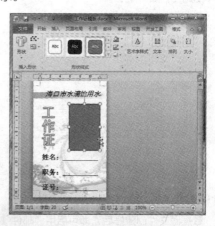

步骤 11 设置形状样式。将矩形填充为白色，将矩形线框设置为虚线，并选择好虚线样式，结果如下图所示。

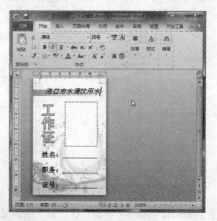

4.2.2 批量生成工作证

批量制作工作证可提高工作效率。下面将介绍如何使用邮件合并功能批量制作工作证的操作。

1 创建数据源文件

在使用邮件合并功能前，需做好准备工作，例如创建表格数据文件等。

步骤 01 创建表格。启动Word软件，新建一个空白文档，单击"插入"选项卡中的"表格"按钮，根据需要插入表格。

步骤 02 输入表格信息。在表格中输入相关员工的信息,这里的"照片"一列,需输入照片在电脑中的路径,如下图所示。

2 使用合并域功能生成

数据源文件创建好后,即可启用"邮件"功能批量制作工作证了,方法如下。

步骤 01 自定义功能区。单击"文件"选项卡,选择"选项"选项,在"Word选项"对话框中,选择"自定义功能区"选项,如下图所示。

步骤 02 加载"邮件"功能。在右侧"自定义功能区"选项列表中,勾选"邮件"复选框,单击"确定"按钮,如下图所示。

步骤 03 完成添加。设置完成后,即可查看到"邮件"选项卡已显示在功能区中了。

步骤 04 导入表格数据。切换至"邮件"选项卡,在"开始邮件合并"组中,单击"选择收件人"下拉按钮,选择"使用现有列表"选项,如下图所示。

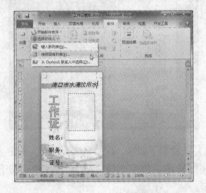

步骤 05 选择数据源。在"选取数据源"对话框中,选择相关表格文件,单击"打开"按钮,如下图所示。

步骤 06 插入合并域。将文本插入点定位至"姓名"文本后,单击"插入合并域"下拉按钮,选择"姓名"选项,如下图所示。

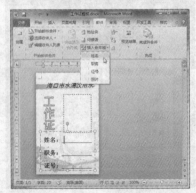

步骤 07 显示相关域。选择完成后，在"姓名"文本后即可显示相关域名，如下图所示。

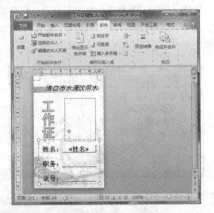

步骤 08 插入合并其他域。按照同样的操作，插入"职务"和"证号"域名，结果如下图所示。

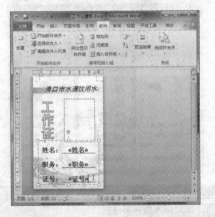

步骤 09 定位插入点。选择照片框，单击鼠标右键，执行"添加文字"命令，此时文本插入点已定位在照片框中，如下图所示。

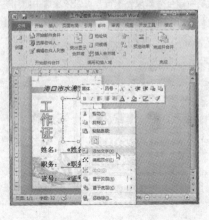

步骤 10 设置字体颜色。切换至"开始"选项卡，在"字体"组中，将字体颜色设为"黑色"。

步骤 11 插入域。切换至"插入"选项卡，在"文本"组中，单击"文档部件"下拉按钮，选择"域"选项，如下图所示。

步骤 12 选择域类型。在"域"对话框中，将"域名"设为IncludePicture，并在"域属性"文本框中，输入任意文本，这里输入"123"，如下图所示。

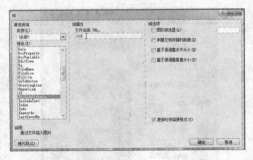

步骤 13 显示域信息。选中图片域，按组合键 Alt+F9，显示域信息，此时选中"123"，如下图所示。

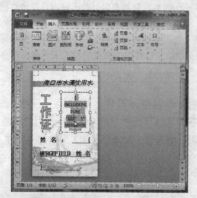

步骤 14 插入合并域。单击"邮件"选项卡的"插入合并域"下拉按钮，选择"照片"选项，此时在该域名中即可添加域，如下图所示。

步骤 15 显示照片。插入照片完毕后，再次按组合键Alt+F9键，即可显示相关照片，如不显示，按F9刷新，如下图所示。

步骤 16 完成并合并。设置完成后，切换至"邮件"选项卡，在"完成"组中，单击"完成并合并"按钮，选择"编辑单个文档"选项，打开"合并到新文档"选项，单击"确定"按钮，如下图所示。

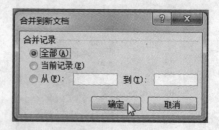

步骤 17 完成操作。设置完成后，系统会自动新建一个文档。此时在该文档中，即可显示所有员工的工作证，如下图所示。

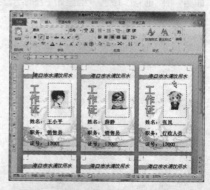

操作提示

批量插入照片需注意

在完成最后一步操作后，有时工作证上的照片会不显示，或只显示同一张照片，如下图所示。此时用户只需按组合键Ctrl+A，全选文档，在按F9键刷新即可。如果还不行，可以依次选中照片进行刷新操作。

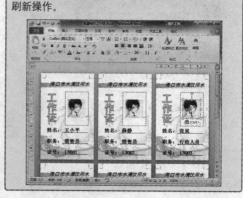

4.3 制作公司名片模板

名片是新朋友互相认识以及自我介绍的最有效、最快捷的方法。交换名片是商业交往的第一个标准官式动作。在 Word 2010 中，内置多种名片模板样式，用户可直接下载模板来使用。也可根据实际情况自定义名片模板。下面将向用户介绍名片模板的制作方法。

4.3.1 创建名片版面样式

制作名片前，需要考虑好该名片的版面样式。下面具体介绍版面的设计制作。

步骤 01 设置纸张大小。在"页面布局"选项卡的"页边距"下拉列表中，将页边距设为"窄"，如下图所示。

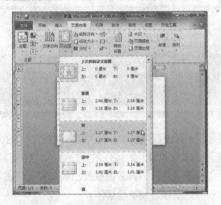

然后单击"页面设置"对话框启动器按钮，打开对话框，将"宽度"设置为"9厘米"，将"高度"设置为"5.5厘米"，完成后，如下图所示。

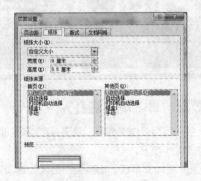

步骤 02 设置页边距。再次切换至"页边距"选项卡，将页边距值都设为"0"，完成后单击"确定"按钮，如下图所示。

步骤 03 设置页面背景色。在"页面布局"选项卡的"页面背景"组中，单击"页面颜色"下拉按钮，选择满意的颜色，如下图所示。

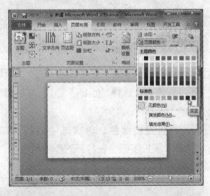

步骤 04 绘制矩形形状。单击"形状"按钮，绘制矩形形状，放置文档合适位置，如下图所示。

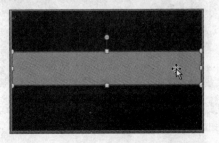

步骤 05 填充图片。选中矩形形状，单击"形状填充"下拉按钮，选择"图片"选项，选择图片填充矩形，如下图所示。

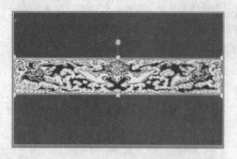

步骤 06 设置矩形边框。使用键盘上的方向键，调整矩形位置。选中矩形，单击"形状轮廓"下拉按钮，将其设置为"无轮廓"选项。

步骤 07 绘制直线。选择"直线"形状，在文档合适位置处，绘制直线，如下图所示。

步骤 08 设置直线粗细。选中直线，在"形状轮廓"下拉列表中，选择"粗细"选项，并在其级联列表中，选择"6磅"。

步骤 09 设置直线颜色。再次选中直线，单击"形状轮廓"下拉按钮，在打开的颜色列表中，选择满意的颜色，结果如下图所示。

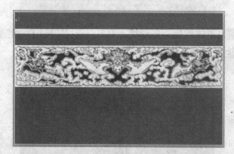

步骤 10 移动直线。按键盘上的方向键，移动直线位置，结果如下图所示。

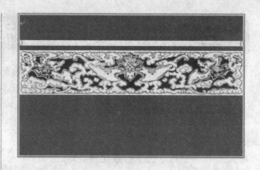

步骤 11 复制直线。选中该直线，按Ctrl键，并按住鼠标左键，拖动直线至文档下方合适位置，释放鼠标，完成直线复制操作，如下图所示。

步骤 12 更改直线长度。选中第一条直线左侧顶端，按住Shift键同时按住鼠标左键，向右拖动插入点至满意位置，释放鼠标及Shift键即可完成线段长度的更改，如下图所示。

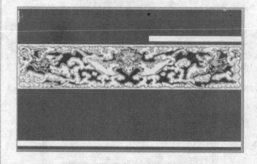

4.3.2 添加内容控件

名片版面制作完成后，接下来可以添加内容控件，操作如下。

步骤 01 添加文本框。切换至"插入"选项卡，在"文本"组中，单击"文本框"下拉按钮，选择文本框类型，插入文本框。

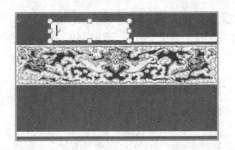

步骤 02 设置文本框格式。选中文本框，在"形状样式"组中，设为"无填充"，将文本框的轮廓设为"无轮廓"。

步骤 03 添加格式文本内容控件。在"开发工具"选项卡的"控件"组中，单击"格式文本内容控件"按钮添加控件，结果如下图所示。

步骤 04 设置内容控件格式。单击"设计模式"按钮，更改控件内容，如下图所示。

步骤 05 查看结果。关闭"设计模式"按钮，按键盘上的方向键，调整文本框位置，结果如下图所示。

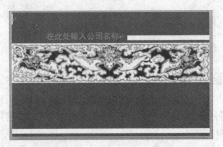

步骤 06 添加文本框。再次单击"文本框"按钮，在文档下方添加文本框，设置文本框格式，结果如下图所示。

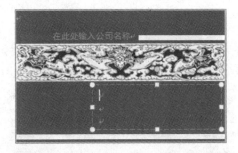

步骤 07 添加内容控件。按照以上操作，添加内容控件，结果如下图所示。

步骤 08 保存模板。名片模板设计好后，切换至"文件"选项卡，选择"另存为"选项，并在打开的对话框中，设置好保存路径及文件名，将"保存类型"设为"Word模板（*.dotx）"，单击"保存"按钮即可，如下图所示。

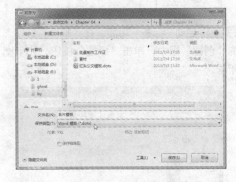

4.3.3 使用模板制作名片

制作名片模板完毕后，当下次使用时，只需打开该模板，按照模版样式输入名片内容即可完成名片的制作操作。

步骤 01 **打开模板输入内容。** 双击保存好的名片模板文档，打开该模板，输入名片内容，结果如下图所示。

步骤 02 **设置内容格式。** 内容输入完成后，用户可对输入内容的文本格式进行设置。

步骤 03 **新建文档。** 重新创建一个新文档，并将其纸张宽度设为19.5厘米、高度设置为29.7厘米。完成后，如下图所示。

步骤 04 **启动"标签"功能。** 在"邮件"选项卡的"创建"组中，单击"标签"按钮，如下图所示。

步骤 05 **选择"选项"按钮。** 在"信封和标签"对话框中，单击"选项"按钮，如下图所示。

步骤 06 **设置相关选项。** 在"标签选项"对话框中，将"标签信息"设为"Avery A4 / A5"选项，将"产品编号"设为"L7413"，如下图所示。

步骤 07 **新建标签文档。** 单击"确定"按钮，返回上一层对话框，单击"新建文档"按钮，新建空白标签文档，如下图所示。

步骤 08 **复制粘贴名片。** 选中名片文档，按组合键Ctrl+A，全选名片，按组合键Ctrl+C和Ctrl+V，将名片依次复制到标签文档的表格中，完成名片制作。

综合案例 | 制作电子调查问卷

调查问卷是以问题的形式，系统地记载调查内容的一种印件。问卷可以是表格式、卡片式或簿记式。下面以制作一份电子问卷为例，介绍问卷的制作方法。其中涉及到的操作命令有：文本格式的设置、表格的插入与设置以及控件的插入与设置等。

1 制作单选题

调查问卷类型有多种，下面介绍问卷单选题的制作方法。

步骤 01 设置纸张方向。启动Word 2010，新建一个空白文档，单击"页面布局"选项卡中的"纸张方向"下拉按钮，选择"横向"选项，如下图所示。

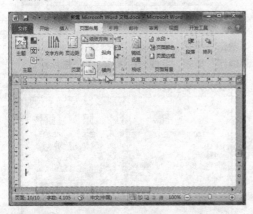

步骤 02 设置页面边距。单击"页面设置"对话框启动器按钮，打开"页面设置"对话框，在"页边距"选项卡中，将边距值都设为2，如下图所示。

步骤 03 输入问卷标题。在文本插入点处，输入问卷标题，结果如下图所示。

步骤 04 输入标题引言内容。按Enter键，另起一行，输入标题引言文本内容，如下图所示。

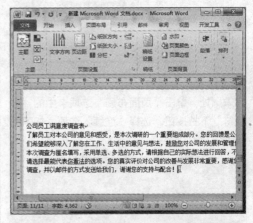

操作提示

分页符与分节符的区别

分页符只是分页，在文档某一段落处强行分页，但文档前后内容仍为同一节；而分节符是分节，可以在同一页中进行分节，若在某一页末尾处插入分节符，则可实现分页效果。

步骤 05 设置标题及引言格式。选中标题内容，在"字体"组中，将字体设为"黑体"、字号设为"小二"、将引言字体设为"幼圆"，如下图所示。

步骤 06 设置段落格式。选中引言段落，将其设置为"首行缩进"，缩进值为2，然后将标题设置为"居中"，如下图所示。

步骤 07 插入分隔符。将文本插入点放置在引言末尾处，单击"页面布局"选项卡中的"分隔符"下拉按钮，选择"连续"选项，如下图所示。

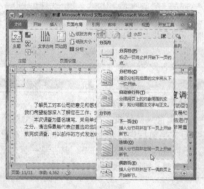

步骤 08 启动"分栏"对话框。切换至"页面布局"选项卡，在"页面设置"组中，单击"分栏"下拉按钮，选择"更多分栏"选项，如下图所示。

步骤 09 分栏设置。在"分栏"对话框中，单击"两栏"按钮，并勾选"分割线"复选框，单击"确定"按钮，完成分栏操作，如下图所示。

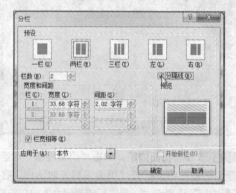

步骤 10 输入问卷题目内容。在文本插入点处输入问卷题目内容，结果如下图所示。

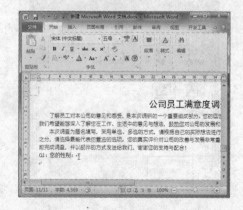

步骤 11 插入控件。将文本插入点放置在内容后，切换至"开发工具"选项卡，在"控件"组中，单击"下拉列表内容控件"按钮，如下图所示。

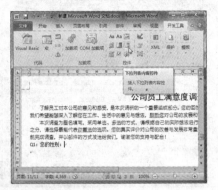

步骤 12 选择控件"属性"。选中该控件，单击"设计模式"按钮，单击鼠标右键，执行"属性"命令，如下图所示。

步骤 13 添加属性。在"内容控件属性"对话框中，将"标题"设为"选择男或女"，在"下拉列表属性"选项组中，单击"添加"按钮，如下图所示。

步骤 14 输入属性内容。在"添加选项"对话框中，输入"男"，单击"确定"按钮，如下图所示。

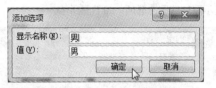

步骤 15 查看效果。返回对话框，用户即可查看到添加的属性选项，如下图所示。

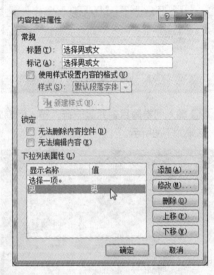

步骤 16 设置其他选项属性。按照同样的操作，添加"女"选项，单击"确定"按钮，结果如下图所示。

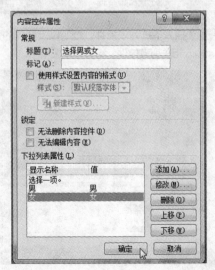

步骤 17 完成设置。单击"设计模式"按钮,关闭该功能,然后单击该控件后的下拉按钮,即可显示添加的属性选项,如下图所示。

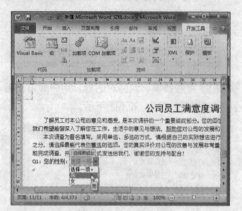

步骤 18 输入问卷题目。另起一行,输入问卷题目,结果如下图所示。

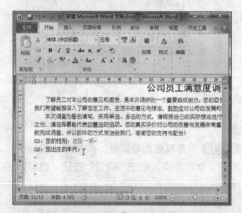

步骤 19 插入下拉列表控件。按照以上同样的操作,插入相关列表控件,结果如下图所示。

步骤 20 输入题目内容。另起一行,输入题目内容,结果如下图所示。

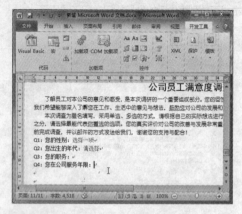

步骤 21 添加列表控件。单击"下拉列表内容控件"按钮,在输入的题目后,添加列表内容控件,结果如下图所示。

步骤 22 输入题目内容。在插入点处输入下一题题目内容,结果如下图所示。

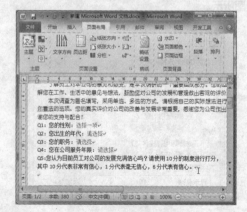

步骤 23 插入表格。另起一行，在"插入"选项卡中，单击"表格"按钮，插入2行5列表格，如下图所示。

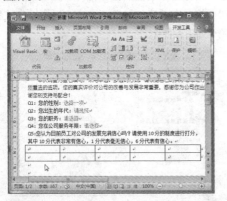

步骤 24 输入表格内容。将文本插入点置于单元格内容，输入表格内容，结果如下图所示。

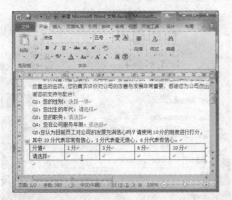

步骤 25 插入选项按钮控件。将文本插入点置于第2列第2单元格内，在"开发工具"选项卡的"控件"组中，单击"旧式工具"按钮，在列表框中，单击"选项按钮"，如下图所示。

步骤 26 查看结果。选择完成后，在该单元格中，即可显示按钮图标，如下图所示。

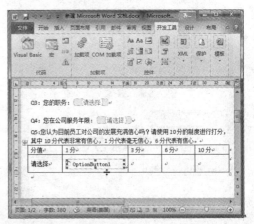

步骤 27 输入按钮内容。选中该按钮，在"控件"组中单击"属性"按钮，在"属性"对话框中，选择Caption，在右侧方框中，输入所需内容，在GroupName选项后，输入1，如下图所示。

高手妙招

设置控件文本字体格式

若想对插入的选项控件文本格式进行设置，可在"属性"对话框中，选择Font选项，然后单击文本框后的按钮，在打开的"字体"对话框中，根据需要对控件文本的字体、字形、字号以及颜色进行设置，单击"确定"按钮，关闭"属性"对话框即可完成设置操作。

步骤 28 查看结果。输入完成后，关闭该对话框，即可完成选项按钮控件的设置操作，如下图所示。

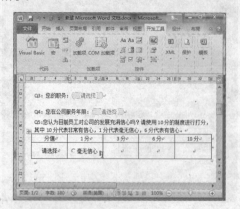

步骤 29 制作其他选项按钮控件。按照同样的操作，制作表格其他选项按钮控件，结果如下图所示。

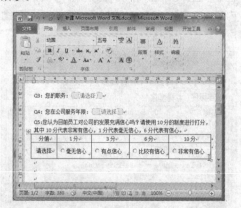

步骤 30 调整表格格式。选中该表格，设置好表格内容字体格式，结果如下图所示。

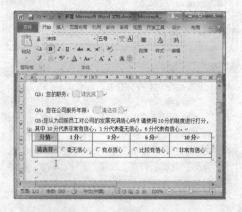

步骤 31 添加表格底纹。选中表格表头内容，单击"表格工具—设计"选项卡中的"绘图边框"对话框启动器按钮，打开"边框和底纹"对话框，在"底纹"选项卡中，设置好底纹颜色，如下图所示。

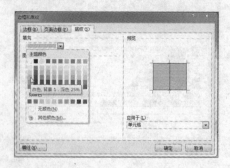

步骤 32 查看结果。单击"确定"按钮，完成底纹颜色的添加，如下图所示。

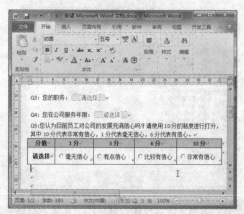

步骤 33 输入题目内容。另起一行，输入下一题题目内容，结果如下图所示。

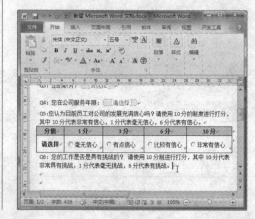

步骤 34 复制表格。选中上一个已制作好的表格，单击鼠标右键，执行"复制"命令，如下图所示。

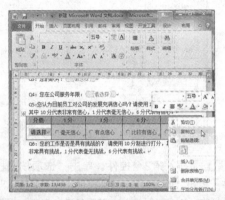

步骤 35 粘贴表格。在文本插入点处，单击鼠标右键，执行"保留源格式"命令，粘贴表格，如下图所示。

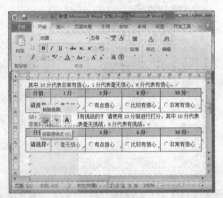

步骤 36 修改选项按钮控件内容。选中要修改的选项控件内容，单击鼠标右键，执行"属性"命令，如下图所示。

步骤 37 设置属性内容。在"属性"对话框的Caption选项后，输入新内容，并在Group-Name选项后，输入2，如下图所示。

步骤 38 修改其他控件属性。按照同样的操作方法，更改该表格其他3个控件属性，其中Group-Name都设为2，如下图所示。

步骤 39 完成其他表格问卷。按照以上操作方法，完成其他几题表格问卷的制作，其中控件属性GroupName随着表格问卷顺序而更改，例如第3题，要将GroupName设为"3"，结果如下图所示。

设置GroupName需注意
在进行单选GroupName控件属性设置时，每一题的GroupName数值都不一样。例如第1题所有控件的GroupName值为1，第2题所有控件Group-Name值为2，第3题所有GroupName值为3，依次类推，第n题其GroupName值为n。

2 制作多选题

有些问题的答案不止一个，而是两个或多个。这样一来，在问卷中需以多选题的方式来体现。

步骤 01 输入多选题问题内容。另起一行，输入多选题题目内容，如下图所示。

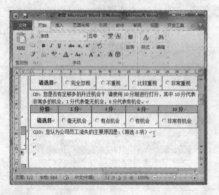

步骤 02 插入选项按钮控件。在"控件"组中，单击"选项按钮控件"按钮，插入控件，如下图所示。

步骤 03 设置控件属性。单击"属性"按钮，打开"属性"对话框，在Caption选项后，输入选项内容，然后在GroupName选项后输入8，如下图所示。

步骤 04 插入第2个控件。单击"选项按钮控件"按钮，插入第2个选项控件，在"属性"对话框中，输入选项内容，并将GroupName设为9，如下图所示。

步骤 05 插入第3个控件。按照同样方法，插入第3个选项控件，并设置好选项内容，将GroupName设为10，如下图所示。

步骤 06 插入第4个控件。插入第4个控件,设置好选项内容,将GroupName设为10,如下图所示。

步骤 07 插入最后一个控件。单击"选项按钮控件"按钮,插入该题最后选项控件,并设置好控件内容,同样将GroupName设为10,如下图所示。

步骤 08 查看设置效果。设置完成后,关闭属性对话框,可查看多选题效果,如下图所示。

步骤 09 制作其他多选题。以此类推,设置好GroupName参数值,制作问卷其他多选题的操作,结果如下图所示。

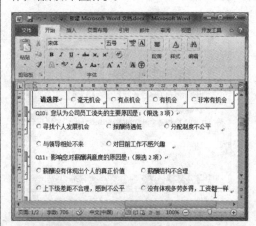

步骤 10 输入复选题内容。在文本插入点处,输入复选题内容,如下图所示。

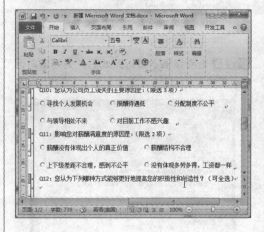

127

步骤 11 插入复选框控件。在"开发工具"选项卡的"控件"组中，单击"旧式工具"按钮，选择"复选框控件"选项，如下图所示。

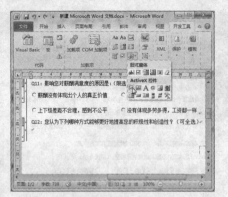

步骤 12 输入属性选项。选择复选框控件，单击鼠标右键，执行"属性"命令，在"属性"对话框中的Caption后输入选项内容，如下图所示。

步骤 13 查看结果。输入完成后，关闭该对话框，完成复选框控件的插入操作，如下图所示。

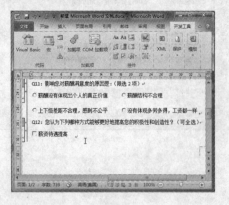

步骤 14 插入其他复选框控件。按照同样的操作，完成该题其他复选框控件的插入，然后单击"设计模式"按钮，恢复正常模式，结果如下图所示。

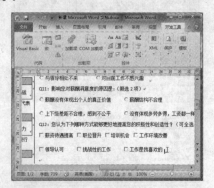

步骤 15 选择题目文本格式。将问卷所有选择题的题目文本都设为"加粗"，如下图所示。

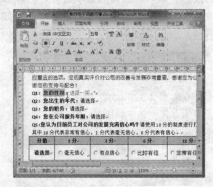

3 插入页码

当文档分栏后，如果想要对每栏添加相应的页码，可通过以下方法进行。

步骤 01 插入空白页脚。在"插入"选项卡中单击"页脚"按钮，选择"空白"页脚，如下图所示。

步骤 02 调整页脚位置。删除页脚内容，按空格键，将页脚移至左栏中间位置，如下图所示。

步骤 03 插入域。连续按两次组合键Ctrl+F9，此时在文本插入点处可显示两对大括号，如下图所示。

步骤 04 编辑域内容。将输入法切换至英文状态，在大括号中，输入"{={page}*2-1}"字符，该字符中间不能有空格，如下图所示。

步骤 05 添加文本内容。在该域前输入"第"，并在该域后输入"栏"，如下图所示。

步骤 06 设置右栏码数。按空格键，将插入点置于文档右栏中间位置，并按两次组合键Ctrl+F9，插入域，并输入"第{={page}*2} 栏"字符，如下图所示。

步骤 07 更新域。输入完成后，选中左栏域内容，单击鼠标右键，执行"更新域"命令，如下图所示。

步骤 08 完成页码操作。选择完成后，在该栏下方显示页码，如下图所示。

步骤 09 更新右栏域。选中右栏域内容，单击鼠标右键，执行"更新域"命令，完成域的更新操作。设置完成后，在"页眉和页脚工具—设计"选项卡下，单击"关闭页眉和页脚"按钮，完成分栏页码的添加。

④ 保护问卷文档

若不想他人随意更改问卷内容，可使用"保护文档"功能，方法如下。

步骤 01 打开限制编辑窗格。切换至"审阅"选项卡，在"保护"组中，单击"限制格式和编辑"按钮，打开相应窗格。

步骤 02 设置限制类型。勾选"仅允许在文档中进行此类型的编辑"复选框，并选择"填写窗体"选项，如下图所示。

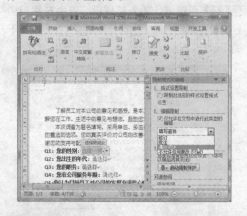

步骤 03 输入密码。单击"是，启动强制保护"按钮，打开相应对话框，输入密码，如下图所示。

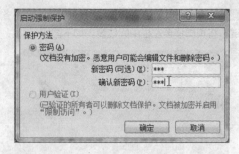

步骤 04 完成保护操作。单击"确定"按钮，完成文档保护操作，如下图所示。

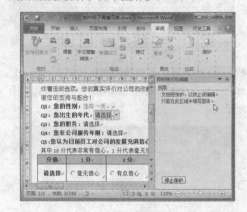

步骤 05 查看效果。将该问卷进行保存操作，当再次打开该文件时，功能区中的所有命令都为灰色不可用状态，并且无法选择（除选项窗体）外的文本内容。

步骤 06 取消保护。如果需要取消文档保护，可单击"限制编辑"按钮，在打开的窗格中，单击"停止保护"按钮，在"取消保护"对话框中，输入保护密码，单击"确定"按钮，完成取消操作，如下图所示。

5

Chapter

使用Excel制作
普通工作表

Excel软件是一款优秀的数据处理软件，它也是Office办公软件中的一款核心组件。在实际操作中，人们经常使用Excel软件对一些庞大而复杂的数据信息进行分析和处理。本章将向用户介绍Excel 2010软件的基本操作，其中包括数据内容的输入与编辑、表格美化及表格的打印操作。

5.1 制作员工能力考核表

为了提高员工的工作能力，公司时常要对员工进行能力考核。作为一名行政人员，制作各种考核表是一项基本的工作能力。下面以制作员工能力考核表为例，介绍Excel工作表的创建与表格设置等操作。

5.1.1 创建表格内容

双击Excel快捷方式图标，新建一张工作簿。在Excel中，一张工作簿可包含255张工作表。而用户可在工作表中创建表格内容。下面介绍具体操作方法。

1 新建Excel文件

用户可通过以下方法新建工作表：

步骤01 启动"新建"功能。启动Excel软件后，切换至"文件"选项卡，选择"新建"选项，在右侧"可用模板"列表中，选择"空白工作薄"选项，如下图所示。

步骤02 新建工作簿。单击"创建"按钮，完成工作簿的创建，如下图所示。

2 工作表的基本操作

一张工作簿含有多张工作表，为了区分工作表，用户可对工作表命名，方法如下。

步骤01 选中工作表标签。在当前工作簿中，双击表格左下角的工作表标签，使其呈可编辑状态，如下图所示。

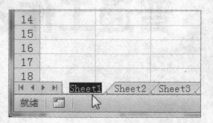

步骤02 输入标签名称。输入该工作表名称，单击表格任意空白处，即可完成工作表名称的更改操作，如下图所示。

步骤03 插入新工作表。若当前工作表不够用，可单击工作表标签右侧"插入工作表"按钮，即可插入一张新的工作表，如下图所示。

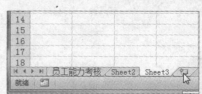

步骤04 删除工作表。若想删除多余的工作表，可选中其标签，单击鼠标右键，执行"删除"命令即可删除该工作表，如下图所示。

③ 输入工作表内容

工作表创建完成后，即可在该表格中输入内容。

步骤01 输入单元格文本。单击工作表中的A1单元格，此时该单元格被选中，输入文本内容，如下图所示。

步骤02 输入表头内容。将文本插入点定位在A2单元格内，根据需要，输入相关内容，如下图所示。

操作提示

输入以0为首的数据内容

在默认状态下，输入以0为首的数据时，0都会被隐藏。若想将其显示，只需将其输入方式更改为"文本"即可。用户在功能区中，单击"数字"组中的下拉按钮，选择"文本"选项；也可在"设置单元格格式"对话框中，切换至"数字"选项卡，并在"分类"列表中，选择"文本"选项来更改输入方式。

步骤03 输入一列表格数据。A2单元格的内容输入完成后，按Enter键，此时系统将自动选中下方A3单元格，可继续输入表格数据，如下图所示。

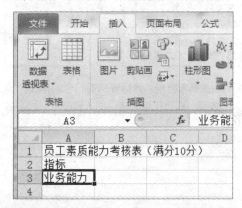

步骤04 输入一行表格数据。当A2单元格的内容输入完成后，按键盘上的方向键→，即可选中B2单元格，可继续输入单元格内容，如下图所示。

步骤05 选择符号。将文本插入点定位至所需单元格，切换至"插入"选项卡，在"符号"组中，单击"符号"按钮，打开"符号"对话框，如下图所示。

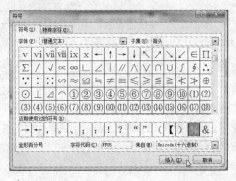

单元格命名

在工作表中，每个单元格都有自己的名称，例如A1、B1等。该名称是由表格中行和列的序号组成。行号以数字显示，而列号以英文字母显示。如果选中D行第2单元格，此时在功能区下方的名称框中则会显示D2字样。

步骤06 插入符号。选择好所需符号，单击"插入"按钮，即可在单元格中插入该符号，如下图所示。

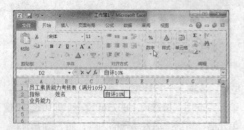

步骤07 输入剩余表格内容。选中所需单元格，输入表格中剩余内容，结果如下图所示。

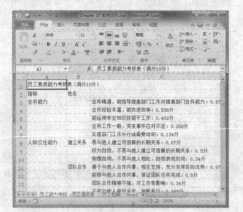

5.1.2 设置表格内容格式

通常输入完表格内容后，用户需对表格的行高、列宽及文本的对齐方式等进行设置。

1 调整表格行高列宽

为了表格的美观，有时需根据内容要求，对表格的行、宽值进行调整，方法如下。

步骤01 选择列宽分割线。选中任意单元格，将光标移动至该列的分割线，此时光标将以双向箭头显示，如下图所示。

步骤02 调整列宽。按住鼠标左键不放，拖动光标至满意位置，释放鼠标即可调整列宽，如下图所示。

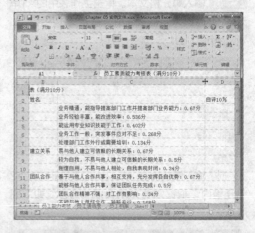

步骤03 精确调整列宽。选中所需列，单击鼠标右键，执行"列宽"命令，如下图所示。

步骤 04 输入列宽值。 在"列宽"对话框中，输入所需列宽值，如下图所示，单击"确定"按钮，此时被选中的列宽已发生了变化。

步骤 05 选择行分割线。 将光标移至所需行分割线上，此时光标呈上下箭头，如下图所示。

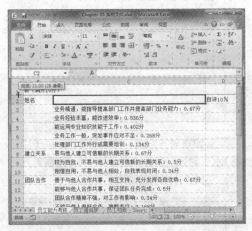

步骤 06 调整行高。 按住鼠标左键不放，拖动光标上下移动至满意位置，释放鼠标即可调整行高，如下图所示。

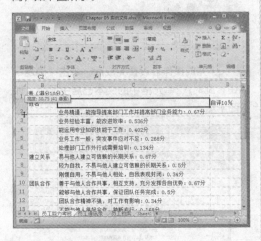

2 合并单元格

用户可根据需要对单元格进行合并或拆分操作，方法如下。

步骤 01 选中多个单元格。 单击A1单元格，按住鼠标左键不放，将光标拖曳至F7单元格，释放鼠标即可多选单元格，如下图所示。

步骤 02 启动"合并"功能。 切换至"开始"选项卡，在"对齐方式"组中，单击"合并后居中"按钮，如下图所示。

步骤 03 完成合并操作。 选择完成后，被选中的多个单元格已合并成一个单元格了，其中的文本也已居中显示，如下图所示。

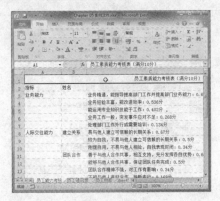

步骤 04 合并A3~A7单元格。选中A3到A7单元格，单击"合并后居中"按钮，合并该单元格，结果如下图所示。

步骤 05 合并其他单元格。选中其他要合并的单元格，单击"合并后居中"按钮进行合并操作，如下图所示。

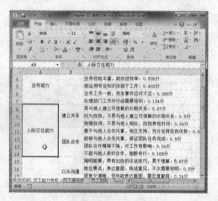

步骤 06 拆分合并的单元格。选中要拆分的单元格，单击"合并后居中"下拉按钮，再选择"取消单元格合并"选项即可拆分该单元格，如下图所示。

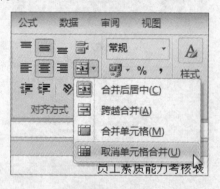

3 设置文本对齐方式

在Excel表格中，默认输入的文本内容为左对齐；而输入的数字内容则默认为右对齐。用户可根据需要调整对齐方式。

步骤 01 启动"设置单元格格式"对话框。选中A2单元格，在"开始"选项卡中，单击"对齐方式"对话框启动器按钮，打开"设置单元格格式"对话框，如下图所示。

步骤 02 设置对齐方式。在"对齐"选项卡中，将"水平对齐"设为"居中"、将"垂直对齐"设为"居中"，如下图所示。

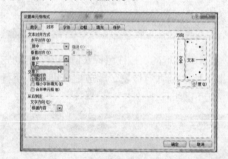

步骤 03 完成操作。设置完成后，单击"确定"按钮，此时A2单元格中的文本已居中显示，如下图所示。

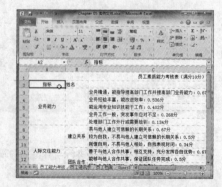

步骤 04 设置其他单元格对齐方式。选中B2单元格，在"开始"选项卡的"对齐方式"组中，分别单击"垂直居中"和"居中"按钮，如下图所示。

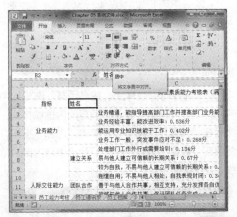

步骤 05 完成设置。选择完成后，B2单元格中的文本同样可居中显示。

步骤 06 竖直排列方式。选中A3单元格，在"对齐方式"组中，单击"方向"下拉按钮，选择"竖排文字"选项，如下图所示。

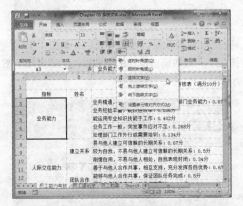

步骤 07 完成设置。选择完成后，A3单元格中的文本则以竖直方式进行了排列，结果如下图所示。

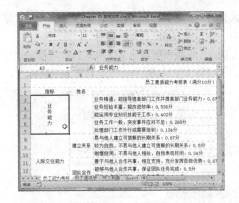

步骤 08 设置其他文本对齐方式。选中其他所需单元格，选择"竖排文字"选项，对其进行排列设置，如下图所示。

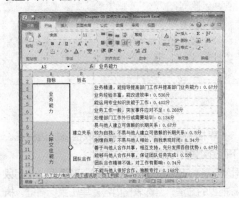

④ 设置文本格式

在Excel表格中，用户也可对表格中的文本格式进行设置，操作如下。

步骤 01 设置字体。选中A1单元格，在"开始"选项卡的"字体"组中，单击"字体"下拉按钮，选择所需字体选项，如下图所示。

步骤 02 设置字号。在"字体"组中，单击"字号"下拉按钮，选择所需字号。

步骤 03 设置表格其他字体格式。以同样的操作方法设置表格其他字体格式，结果如下图所示。

5.1.3 为表格添加边框

表格制作完毕后，需要为表格添加边框线。下面介绍操作方法。

步骤 01 打开"设置单元格格式"对话框。使用鼠标拖曳的方法，全选表格内容。单击鼠标右键，执行"设置单元格格式"命令，如下图所示。

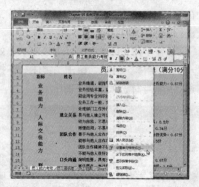

步骤 02 选择外边框样式。单击"开始"选项卡"对齐方式"的对话框启动器按钮，打开"设置单元格格式"对话框，在"边框"选项卡中，选择线条样式。在"预置"选项组中，单击"外边框"按钮，此时在"边框"预览视图中，可预览外边框，如下图所示。

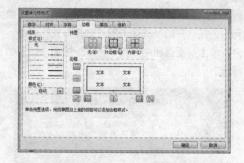

步骤 03 选择内框线样式。在"线条"选项组中的"样式"列表框中，选择满意的内框线样式。然后在"预置"选项卡下，单击"内部"按钮，然后在"边框"选项组中，可预览表格内部边框线，如下图所示。

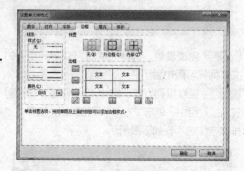

步骤 04 查看效果。设置完成后，单击"确定"按钮，完成表格边框线的添加操作，效果如下图所示。

步骤 05 保存文档。切换至"文件"选项卡，选择"另存为"选项，在"另存为"对话框中，设置好保存路径及文档名称，单击"保存"按钮即可将当前文档保存。

5.2 制作员工通讯录

为了能够及时联络到公司内部员工，公司行政人员应制作一份员工通讯录。使用Excel相关功能，可轻松制作该表格。下面以制作员工通讯录为例，来向用户介绍Excel数据填充及数据查找替换等功能的操作。

5.2.1 输入通讯录内容

双击打开"Chapter 05 实例文件.xlsx"文档，并新建一个工作表，指定所需单元格即可输入内容。

步骤01 **新建工作表。** 在打开的工作簿中，单击Sheet2工作表标签，新建工作表，如下图所示。

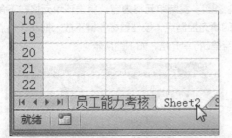

步骤02 **重命名工作表。** 双击Sheet2工作标签，或单击鼠标右键，执行"重命名"命令，输入该工作表名称，完成重命名操作，如下图所示。

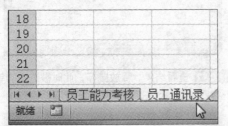

步骤03 **输入表头内容。** 选中所需单元格，按键盘上的方向键，输入表头内容，如下图所示。

步骤04 **调整列宽。** 选中B列，将光标移至该列分割线上，使用鼠标拖曳的方法调整该列宽，如下图所示。

步骤05 **调整其他列宽。** 按照同样的操作，将E列的列宽进行调整，如下图所示。

步骤06 **输入单元格内容。** 选中A2和A3单元格，输入序号，结果如下图所示。

步骤 07 选择自动填充控制点。使用鼠标拖曳的方法，选中A2~A3单元格，将光标移至单元格右下角自动填充控制点上，此时，光标转换成实心十字插入点，如下图所示。

步骤 08 鼠标拖曳填充控制点。按住鼠标左键不放，拖动该控制点至表格第6行，此时在光标处则可预览填充的数据信息，如下图所示。

步骤 09 完成数据填充操作。释放鼠标，此时系统将自动填充相应的数据内容，如下图所示。

步骤 10 填写B2单元格内容。选择B2单元格，在此输入相关内容，如下图所示。

步骤 11 复制单元格内容。单击该单元格右下角的填充控制点，按住鼠标左键不放，拖动该角点至第6行单元格，如下图所示。

步骤 12 查看结果。释放鼠标，此时被选中的单元格已被复制填充，结果如下图所示。

步骤 13 **输入C列内容。** 将文本插入点定位于C列所需单元格，并输入相关内容，结果如下图所示。

步骤 14 **设置数字格式。** 选中D2单元格，在"开始"选项卡的"数字"组中，单击下拉按钮，选择"文本"选项，如下图所示。

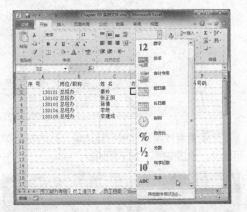

步骤 15 **输入D列内容。** 在D2单元格中，输入号码，如下图所示。

步骤 16 **输入E列内容。** 选中E列单元格，输入相关数据内容，如下图所示。

步骤 17 **快速填充单元格。** 选中A5:A6单元格区域，填充所需单元格，完成该列单元格快速填充操作，如下图所示。

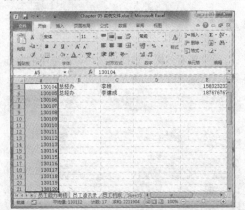

步骤 18 **输入表格其他内容。** 按照以上操作方法，完成该表格其他内容的输入操作，如下图所示。

5.2.2 编辑通讯录表格

表格内容输入完成后，有时会对表格进行必要的编辑与调整，例如插入行和列、插入批注、表格的拆分等。下面介绍具体操作。

1 插入单元行、列

表格内容输入完成后，如果要对内容进行添加，可使用"插入行或列"功能，方法如下。

步骤 01 启动"插入行"命令。选中表格首行内容，单击"开始"选项卡的"单元格"组中的"插入"下拉按钮，选择"插入工作表行"选项，如下图所示。

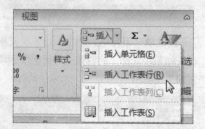

步骤 02 查看效果。选择完成后，被选中的单元行上方已添加了空白单元行，如下图所示。

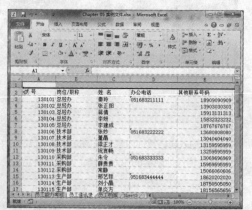

步骤 03 输入标题行内容。选中A1单元格，输入表格标题内容，如下图所示。

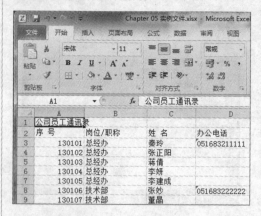

步骤 04 插入单元列。在表格中，选择所需单元列，在"单元格"组中，单击"插入"下拉按钮，选择"插入工作表列"选项，如下图所示。

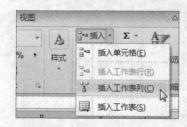

步骤 05 查看效果。此时在被选单元列的左侧即可插入一列空白列，如下图所示。

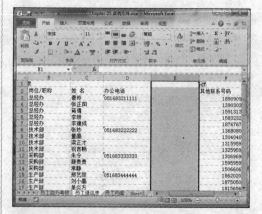

步骤06 **快速复制单元列格式**。插入单元列后，单击"格式刷"下拉按钮，在下拉列表中，选择相应的复制选项即可将格式应用到被选单元列中，如下图所示。

步骤07 **删除多余行或列**。选中所需行或列，单击鼠标右键，执行"删除"命令即可删除行或列，如下图所示。

步骤08 **清除单元格内容**。选中B4:B7单元格区域，在"开始"选项卡中，单击"编辑"组中的"清除"下拉按钮，选择"清除内容"选项，如下图所示。

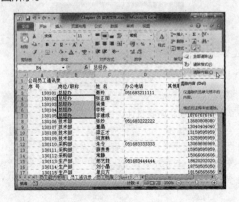

步骤09 **查看效果**。选择完成后，被选中的单元格内容已及时清除，如下图所示。

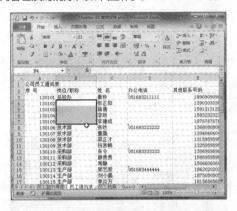

步骤10 **清除其他单元格内容**。按照同样的操作方法，将其他多余单元格内容进行清除，如下图所示。

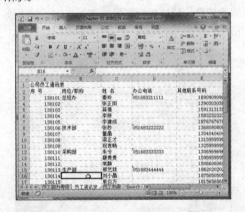

2 插入单元格批注

若想在表格中插入批注内容，可使用"批注"功能，方法如下。

步骤01 **启动"新建批注"功能**。选中所需批注的单元格，这里选择D3单元格，切换至"审阅"选项卡，在"批注"组中，单击"新建批注"按钮，如下图所示。

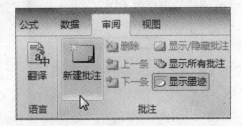

步骤 02 输入批注内容。此时在该单元格右侧即可显示批注文本框，在该文本框中，输入批注内容，如下图所示。

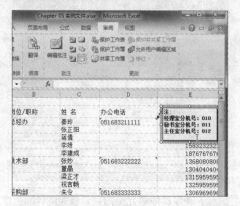

步骤 03 调整批注框大小。将光标移至批注框任意控制点上，按住鼠标左键不放，拖动光标至满意位置，释放鼠标即可调整其大小，如下图所示。

步骤 04 完成添加。输入批注后，单击表格任意处即可完成添加。此时表格中有批注的单元格，会以红色三角形显示在该单元格右上角处，如下图所示。

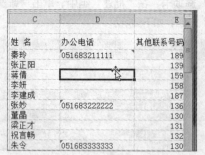

步骤 05 显示批注。将插入点移至有批注的单元格内，此时在单元格右侧会显示相关批注内容，如下图所示。

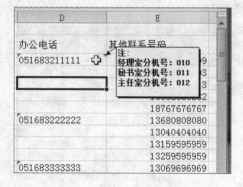

步骤 06 插入其他批注内容。按照同样的方法，添加其他单元格批注，结果如下图所示。

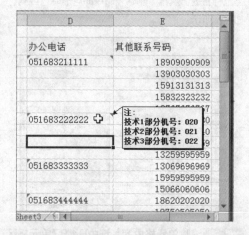

步骤 07 删除批注内容。选中有批注的单元格，在"审阅"选项卡的"批注"组中，单击"删除"按钮即可删除批注，如下图所示。

显示表格所有批注内容

　　默认情况下，有批注的单元格是以墨迹显示，若想显示批注所有内容，只需在"批注"选项组中单击"显示所有批注"按钮，即可显示表格所有批注内容。

3 设置单元格格式

表格内容输入完毕后，需要适当地对其格式进行设置。

步骤 01 **合并单元格。** 选中A1:E1单元格区域，单击"合并后居中"按钮，将标题行合并，结果如下图所示。

步骤 02 **合并其他单元格。** 选中B3:B7单元格区域，单击"合并后居中"按钮，将其合并。按照同样的操作方法，将其他单元格合并，如下图所示。

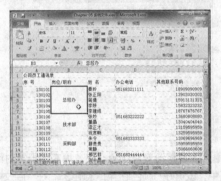

步骤 03 **设置文本格式。** 选中表格所需单元格，在"字体"组中，设置好文本的字体和字号，在"对齐方式"组中，设置文本对齐方式，结果如下图所示。

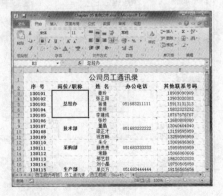

步骤 04 **打开"边框"对话框。** 全选表格内容，单击鼠标右键，执行"设置单元格格式"命令，打开相应的对话框，单击"边框"选项卡，如下图所示。

步骤 05 **设置表格外框线。** 在"样式"列表框中，选择满意的外框线样式，在"预置"选项组中，单击"外边框"按钮，如下图所示。

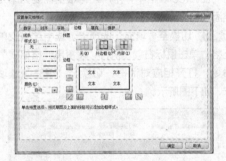

步骤 06 **设置内框线。** 在"样式"列表框中，选择内框线样式，并单击"预置"选项组中的"内部"按钮，如下图所示。

步骤 07 添加表格边框。单击"确定"按钮，此时该表格已添加边框线，如下图所示。

4 添加单元格底纹

在Excel表格中，用户还可根据需要为单元格添加相应的底纹颜色，使表格外观更美观。

步骤 01 切换至"填充"选项卡。选中A2:E2单元格，单击鼠标右键，执行"设置单元格格式"命令，打开相应对话框，切换至"填充"选项卡，如下图所示。

步骤 02 选择填充颜色。在"背景色"选项组中，选择满意的颜色，如下图所示。

步骤 03 完成设置。选择完成后，单击"确定"按钮，完成单元格底纹的填充，如下图所示。

步骤 04 选择单元列。选择A单元列，打开"设置单元格格式"对话框，在"填充"选项卡中，单击"填充效果"按钮，如下图所示。

步骤 05 设置渐变色颜色。在"填充效果"对话框中，设置好"颜色1"和"颜色2"，在"底纹样式"选项组中，设置好渐变样式，如下图所示。

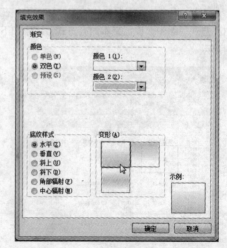

步骤06 完成渐变色填充。单击"确定"按钮，返回上一层对话框，再次单击"确定"按钮，完成渐变色底纹填充，如下图所示。

5.2.3 查找和替换通讯录内容

想要在复杂的表格中，快速查找或替换某一单元格内容，可使用Excel中的"查找"和"替换"功能。下面介绍具体操作方法。

1 查找单元格内容

在表格中，使用"查找"功能的具体操作方法如下。

步骤01 启动"查找"功能。选中表格中的任意单元格，在"开始"选项卡的"编辑"组中，单击"查找和选择"下拉按钮，在下拉列表中，选择"查找"选项，如下图所示。

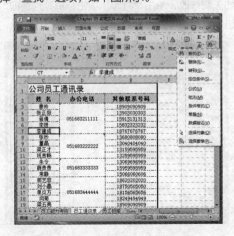

步骤02 输入查找内容。切换至"查找和替换"对话框的"查找"选项卡，输入查找内容，如下图所示。

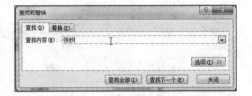

步骤03 显示查找结果。输入完成后，单击"查找全部"按钮，此时系统将自动搜索表格内容，在打开的查找列表中，显示结果，如下图所示。

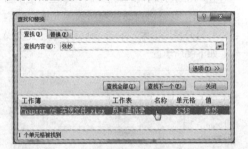

步骤04 完成查找。在查找列表中，单击所需内容，此时系统将自动在表格中定位相应单元格。

2 替换单元格内容

在Excel表格中，具体替换单元格内容的方法如下。

步骤01 启动"替换"对话框。单击"查找和选择"下拉按钮，选择"替换"选项，如下图所示。

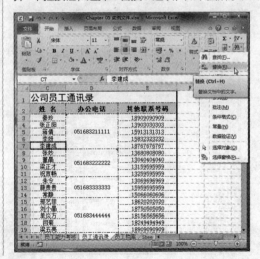

步骤 02 设置替换内容。在"查找和替换"对话框的"替换"选项卡中，单击"查找内容"文本框，输入要替换的内容，然后在"替换为"文本框中，输入新内容，如下图所示。

步骤 03 完成替换。设置完成后，单击"全部替换"按钮，系统将自动替换所需单元格中的内容，并打开替换结果，单击"确定"按钮完成操作，如下图所示。

5.2.4　打印员工通讯录

通讯录表格制作完成后，通常都需将其打印。下面介绍如何打印Excel工作表。

步骤 01 启动"纸张大小"功能。切换至"页面布局"选项卡，在"页面设置"组中，单击"纸张大小"下拉按钮，选择满意的纸张大小值，这里为默认为A4，如下图所示。

步骤 02 设置页边距。单击"页面设置"对话框启动器按钮，在打开的对话框中，在"页边距"选项卡中将"上"、"下"、"左"、"右"页边距值设为2，并分别勾选"水平"和"居中"复选框，如下图所示。

步骤 03 设置打印选项。单击"文件"选项卡，选择"打印"选项，打开打印界面，根据需要设置好打印份数，并选择好打印机型号，如下图所示。

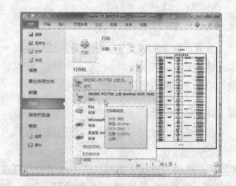

步骤 04 在打印文件。设置好后，用户可在预览视图中，预览该表格内容，并确认是否要修改。如无需修改，单击"打印"按钮，稍等片刻即可进行打印操作，如下图所示。

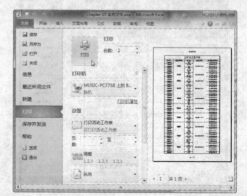

5.3 制作员工档案表

员工档案是记录一个人学习和工作经历、政治面貌以及品德作风等个人情况的文件材料，它起着凭证、依据及参考的作用。下面以制作员工档案表为例，介绍表格样式的套用及数据超链接的添加操作。

5.3.1 输入并设置员工基本信息

启动Excel文件，新建工作表，指定所需单元格，即可输入表格内容。

1 在不同工作表中复制数据内容

在同一张工作表中，利用"复制"和"粘贴"命令可复制数据。若想要在不同的工作表中复制数据，可通过以下方法操作。

步骤01 **选择复制选项。** 打开"Chapter 05 实例文件.xlsx"工作簿，选择"员工通讯录"工作表，单击鼠标右键，执行"移动或复制"命令，如下图所示。

步骤02 **设置相关选项。** 在"移动或复制工作表"对话框的"下列选定工作表之前"列表框中，选择"Sheet3"选项，并勾选"建立副本"复选框，如下图所示。

步骤03 **完成复制。** 单击"确定"按钮，此时在"员工通讯录"工作表后，即可显示其副本工作表，如下图所示。

步骤04 **更改工作表名称。** 双击复制的工作表标签，重新命名为"员工档案"，如下图所示。

步骤05 **清除表格格式。** 在"员工档案"工作表中，选中要复制的表格内容，在"开始"选项卡的"编辑"组中，单击"清除"下拉按钮，选择"清除格式"选项，如下图所示。

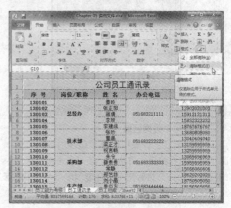

步骤 06 查看结果。选择完成后，被选中的表格格式已全部清除，如下图所示。

步骤 07 删除标题行。选中表格首行内容，单击鼠标右键，执行"删除"命令，如下图所示。

步骤 08 设置删除类型。在"删除"对话框中，单击"整行"单选按钮，然后单击"确定"按钮，删除标题行，如下图所示。

高手妙招

🖐 **选择某个数据区域**
有时需在工作表中选择大范围的数据区域，除了使用鼠标拖曳的方法外，还可单击被选区域中的任意单元格，然后使用组合键Ctrl+Shift+8进行选择。

步骤 09 删除B列和D列。按照同样的方法，将表格B列和D列数据删除，结果如下图所示。

2 输入表格基本内容

对复制后的表格进行调整后，即可输入表格信息内容。

步骤 01 插入单元列。选中C:I单元列，在B列后快速插入7个空白列。

步骤 02 输入表头内容。选中表头单元格，输入文本内容，如下图所示。

操作提示

🖐 **Excel自动换行功能介绍**
想要实现单元格自动换行功能，只需选中该单元格，在"开始"选项卡的"对齐方式"选项组中，单击"自动换行"命令，即可实现文本自动换行操作。当然用户也可使用Alt+Enter组合键强行换行。

步骤 03 启动"数据有效性"命令。选中C2:C51单元格区域，切换至"数据"选项卡，单击"数据有效性"下拉按钮，在下拉列表中选择"数据有效性"选项，如下图所示。

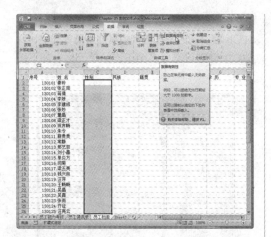

步骤 04 **设置数据有效性。** 在"数据有效性"对话框的"设置"选项卡中,在"允许"下拉列表中,选择"序列"选项,并在"来源"文本框中,输入相关数据,其中各数据间用英文模式的逗号进行分隔,如下图所示。

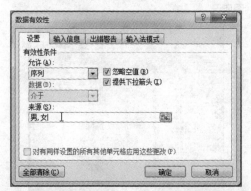

步骤 05 **输入提示信息。** 在"输入信息"选项卡的"标题"和"输入信息"文本框中,输入标题内容,如下图所示。

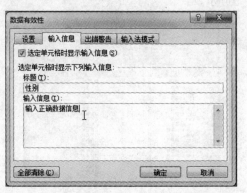

步骤 06 **输入出错信息。** 切换至"出错警告"选项卡,单击"样式"下拉按钮,选择"警告"选项,并在相应文本框中,输入出错时提示内容,如下图所示。

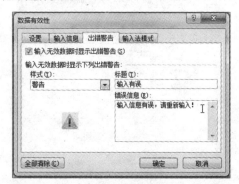

步骤 07 **查看设置效果。** 单击C2单元格,此时会出现输入提示,如下图所示。

步骤 08 **输入数据内容。** 单击该单元格右侧下拉按钮,选择合适的选项即可输入,如下图所示。

步骤 09 输入该列其他内容。选中该单元列剩余的单元格，单击右侧下拉按钮，选择满意选项即可快速输入该其他列内容，结果如下图所示。

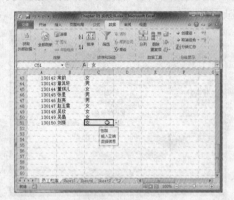

步骤 10 输入错误信息提示。在输入过程中，如果没有按照设置的信息输入，系统则会打开警告对话框，提示用户输入错误，如下图所示。

步骤 11 输入D单元列。选中D2单元格，输入相关数据内容，然后使用"自动填充"功能，向下填充单元格，如下图所示。

步骤 12 多选不连续单元格。在E单元列中，按住Ctrl键，同时选择该列中其他所需单元格，释放Ctrl键则可选择多个不连续单元格，如下图所示。

步骤 13 同时输入多个相同数据。选择完成后，在公式编辑栏中，输入所需单元格内容，按组合键Ctrl+Enter，同时填充被选单元格，如下图所示。

步骤 14 输入E列其他单元格内容。按照同样的操作方法，完成E列其他内容的输入，结果如下图所示。

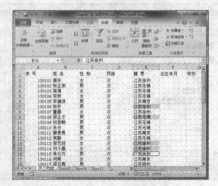

步骤 15 输入日期数据。选中F2单元格，输入生日日期内容，如下图所示。

步骤 16 设置日期格式。选中F2单元格，单击鼠标右键，执行"设置单元格格式"命令，在打开的对话框中切换至"数字"选项卡，将"类型"设为满意的格式，如下图所示。

步骤 17 查看设置结果。设置完成后，单击"确定"按钮，完成日期格式的更改操作，如下图所示。

步骤 18 输入剩余日期内容。选中F列其他单元格，并输入日期内容，如下图所示。

步骤 19 利用数据有效性功能输入G列内容。选中G列所有单元格，单击"数据有效性"按钮，设置相关选项，完成单元格内容的输入，如下图所示。

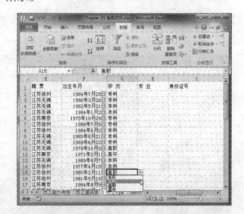

步骤 20 输入表格其他内容。选中表格剩余单元格，输入相关数据信息，结果如下图所示。

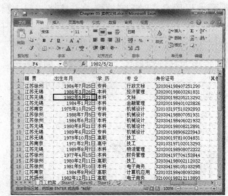

③ 编辑单元格格式

表格内容输入完毕后，可对表格格式进行一些必要的编辑设置。

步骤 01 设置表格表头内容格式。选中表格首行单元格，在"字体"组中，根据需要设置文本的字体、字号和字形等，如下图所示。

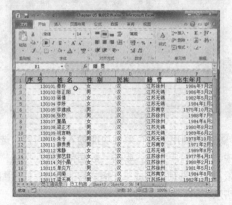

步骤 02 设置表格正文内容格式。选中表格正文内容，设置好文本的字体和字号，如下图所示。

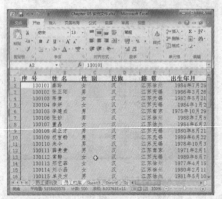

步骤 03 设置文本对齐方式。全选表格，单击鼠标右键，执行"设置单元格格式"命令，在打开的对话框的"对齐"选项卡中，将"水平对齐"和"垂直对齐"设置为"居中"，如下图所示。

步骤 04 设置表格行高和列宽。全选表格，单击鼠标右键，分别执行"行高"和"列宽"命令，在打开的相应的对话框中，对表格的行高和列宽值进行设置，如下图所示。

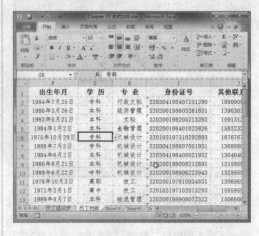

步骤 05 设置表格外边框线。全选表格，打开"设置单元格格式"对话框，在"边框"选项卡中，设置表格外边框线，如下图所示。

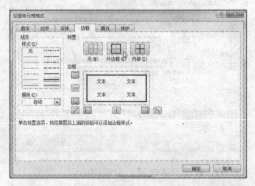

步骤 06 设置表格内框线。在"设置单元格格式"对话框中，设置表格内框线，如下图所示。

步骤 07 启动"冻结首行"命令。 切换至"视图"选项卡，在"窗口"组中，单击"冻结窗格"下拉按钮，选择"冻结首行"选项，如下图所示。

步骤 08 冻结表格表头内容。 选择完成后，该表格的表头内容已被冻结。滚动鼠标中键浏览表格内容时，该表格表头内容始终定位于表格首行位置，如下图所示。

	出生年月	学 历	专 业	身份证号	其他联系
41	1989年2月1日	本科	市场营销	321000198909123845	1589696
42	1983年9月12日	专科	电子商务	321000198309123822	1808686
43	1983年6月14日	专科	电子商务	321000198306049382	1312323
44	1982年1月22日	高职	钳工	320304198201223943	1895050
45	1980年5月22日	专科	电气维修	320304198005124372	1389696
46	1973年2月16日	高中	电气维修	321000198305083949	1801919
47	1983年5月8日	高中	钳工	320304198502038473	1589292
48	1985年2月3日	高中	钳工	320304198410119382	1808181
49	1984年9月10日	专科	文秘	320304198409103924	1803339
50	1983年10月11日	专科	文秘	320304198310119436	1384848
51	1988年9月25日	专科	行政管理	321000198809258378	1590503

操作提示

> **取消冻结窗格操作**
> 若想取消表格窗格的冻结，可以单击"冻结窗格"下拉按钮，选择"取消冻结窗格"选项即可。

5.3.2 设置表格样式

在Excel工作表中，系统内置了多种单元格样式，用户可选择自定义表格样式，也可套用内置单元格样式。下面介绍具体操作。

1 套用单元格样式

利用Excel中的"单元格样式"功能，可将选中的样式套用至表格中，操作方法如下。

步骤 01 选择单元格样式。 选中首行单元格，切换至"开始"选项卡，在"样式"组中，单击"单元格样式"下拉按钮，选择满意的样式选项，如下图所示。

步骤 02 套用单元格样式。 样式选择完成后，被选中的首行单元格样式已发生变化，如下图所示。

序号	姓名	性别	民族	籍贯	出生年月
1	130101	秦玲	女	汉	江苏徐州	1984年7月25日
2	130102	张玉阳	男	汉	江苏无锡	1986年3月26日
3	130103	潘倩	女	汉	江苏无锡	1982年5月21日
4	130104	李昕	女	汉	江苏无锡	1984年1月2日
5	130105	李建成	男	汉	江苏无锡	1975年10月29日
6	130106	张妙	男	汉	江苏徐州	1988年7月5日
7	130107	董晶	女	汉	江苏徐州	1984年6月2日
8	130108	吴正才	男	汉	江苏无锡	1980年8月21日
9	130109	祝贺栋	男	汉	江苏无锡	1989年6月22日
10	130110	朱令	男	汉	江苏无锡	1978年10月3日
11	130111	薛贵贵	男	汉	江苏南京	1971年2月1日
12	130112	秦静	女	汉	江苏无锡	1989年8月7日

高手妙招

> **删除自定义表样式**
> 在"样式"组中，单击"套用表格格式"下拉按钮，在下拉列表中，选择自定义样式，单击鼠标右键，执行"删除"命令即可删除自定义表样式。

2 套用内置表格格式

单击"套用表格格式"按钮，将满意的表格格式应用至当前表格中，方法如下。

步骤 01 选择表格格式。 全选表格，在"开始"选项卡的"样式"组中，单击"套用表格格式"下拉按钮，在下拉列表中，选择满意的格式选项，如下图所示。

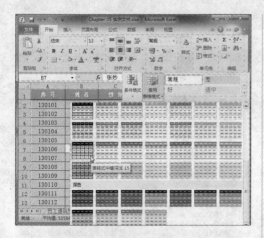

步骤02 确认表格区域。 在"套用表格式"对话框中,单击"表数据的来源"文本框右侧的选取按钮,选择表格套用区域,这里选择默认,如下图所示。

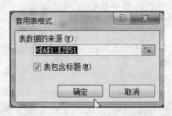

步骤03 套用格式。 单击"确定"按钮,此时被选中的表格区域已发生了变化,如下图所示。

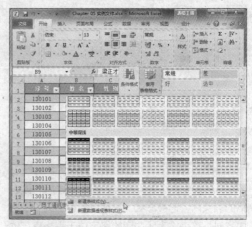

③ 自定义表格样式

在内置的表格样式中,如果没有满意的样式选项,用户可新建样式,并运用到表格中,具体操作如下。

步骤01 启动新建样式命令。 在"开始"选项卡的"样式"组中,单击"套用表格格式"下拉按钮,选择"新建表样式"选项,如下图所示。

步骤02 重名命样式。 在"新建表快速样式"对话框中的"名称"文本框中,重命名样式名称,并在"表元素"列表中,选择"标题行"选项,如下图所示。

步骤03 设置标题行格式。 单击"格式"按钮,在"设置单元格格式"对话框中,切换至"填充"选项卡,填充标题行,如下图所示。

步骤 04 选择表元素。单击"确定"按钮，返回上一层对话框，在"表元素"列表中，选择"第一行条纹"选项，然后单击"格式"按钮，如下图所示。

步骤 05 设置字体格式。在"设置单元格格式"对话框中，切换至"字体"选项卡，在"字形"列表中，单击"倾斜"选项，如下图所示。

步骤 06 设置填充色。切换至"填充"选项卡，选择填充颜色，单击"确定"按钮，返回上一层对话框，如下图所示。

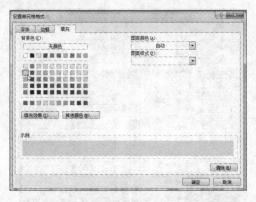

步骤 07 套用新建样式。设置完成后，单击"确定"按钮，关闭对话框。再单击"套用表格格式"下拉按钮，选择"自定义"选项，如下图所示。

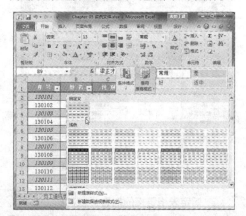

步骤 08 查看效果。选择完成后，在"套用表格式"对话框中，选择表格区域，然后单击"确定"按钮，即可将该样式套用至当前表格中，如下图所示。

修改新建表样式

若想修改新建的表样式，可在"套用表格格式"下拉列表中，选择"新建样式"选项，单击鼠标右键，执行"修改"命令，在打开的"修改表快速样式"对话框中进行格式修改即可。

5.3.3 建立超链接

编辑Excel表格时，如需详解某些单元格中的内容，可进行表格超链接操作。下面介绍具体操作方法。

步骤 01 **制作链接内容。**利用Excel的相关功能，制作出表格链接的内容，结果如下图所示。

步骤 02 **指定表格链接的内容。**在"员工档案"工作表中，指定要链接的表格内容，这里选择A2单元格，如下图所示。

步骤 03 **启动"超链接"功能。**切换至"插入"选项卡，在"链接"组中，单击"超链接"按钮，如下图所示。

步骤 04 **设置超链接选项。**在"插入超链接"对话框中，单击"现有文件或网页"按钮，在"当前文件夹"列表中，选择所需链接选项，这里选择"员工档案明细表"选项，如下图所示。

步骤 05 **完成链接操作。**单击"确定"按钮，完成链接操作。将光标移至A2单元格，光标会变成手指形状，如下图所示。

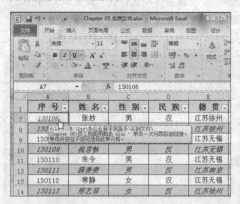

步骤 06 **链接操作。**单击A2单元格，系统会跳转至设置的链接文档。

步骤 07 **取消链接。**在表格中，选择链接单元格，单击鼠标右键，执行"取消超链接"命令即可取消链接操作，如下图所示。

6

Chapter

使用Excel函数
进行数据运算

在日常工作中，经常需要对一些复杂的数据进行处理。此时，就需要使用Excel软件中的公式函数功能。在Excel中有多种公式和函数，例如简单的"求和"、"求平均值"、"求最大、最小数"以及"计数"函数，还有复杂的"财务"、"文本"、"逻辑"以及"三角函数"等。本章将介绍Excel基本函数的操作。

6.1 制作员工培训成绩统计表

利用Excel工作表,除了可进行数据录入与储存外,还可对录入的数据进行运算。下面以制作员工培训成绩表为例,介绍如何运用"公式"与"函数"功能来计算和统计数据。

6.1.1 使用公式输入数据

有时在输入数据时,可适当利用公式来输入。下面介绍操作方法。

1 根据身份证号输入员工性别

身份证号码的最后一位数字代表着人们的性别,当数字为奇数时,性别为男;当数字为偶数时,性别为女。下面将利用函数来计算出员工性别。

步骤01 指定结果单元格。打开原始文件夹的"员工成绩表.xlsx"素材文件,选中C3单元格,如下图所示。

步骤02 插入函数。切换至"公式"选项卡,在"函数库"选项组中,单击"插入函数"按钮,如下图所示,打开"插入函数"对话框。

步骤03 选择函数。在"选择函数"列表框中,输入函数选项"IF",如下图所示。

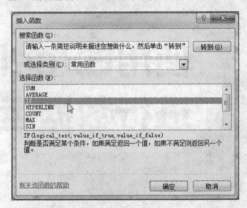

步骤04 输入函数参数。在"函数参数"对话框中,将Logical_test设为"ISODD(MID (F3, 18,1))",将Value_if_true设为"男",将Value_if_false设为"女",如下图所示。

操作提示

ISODD函数概述

ISODD函数主要用来测试参数的奇偶性。ISODD语法表达式为ISODD(number)。其中number表示需要进行检验的数值,该数值可以是具体的数字,也可以是指定单元格。当数值为奇数,函数返回结果TRUE,否则返回FALSE;当单元格为空白,则当作0检验,函数返回TRUE;当参数是非数值类型,函数将返回错误值#VALUE!。当ISODD函数和IF函数结合使用时,还可以提供一种检验公式中错误的方法。

步骤 05 完成计算操作。输入完成后，单击"确定"按钮，此时在结果单元格C3中，可显示计算结果，如下图所示。

操作提示

引用单元格公式的操作

所谓引用，是指引用相应的单元格或单元格区域中的数据，而不是具体的数值。需注意的是，使用引用单元格地址后，当单元格中数据发生变化时，无需更改公式，因为公式会自动根据用户改变后的数据重新进行计算。

步骤 06 填充公式。选择C3:C22单元格区域，在"开始"选项卡的"编辑"组中，单击"填充"下拉按钮，选择"向下"选项，如下图所示。

步骤 07 完成其他单元格公式填充。此时C3单元格中的公式已经引用至被选单元格中了，如下图所示。

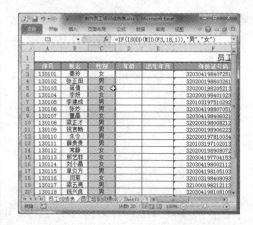

2 根据身份证号输入员工出生年月

身份证号的第7~14位显示的是公民出生年月日，想要将这些数据快速转换成所需日期，可通过MID函数进行操作，方法如下。

步骤 01 插入"日期与时间"函数。选中E3单元格，在"插入函数"对话框中，将"或选择类别"设为"日期与时间"选项，在"选择函数"列表中选择函数DATE，如下图所示。

步骤 02 设置函数参数。在"函数参数"对话框中，将Year设为"MID(F3,7,4)"，将Month设为"MID(F3,11,2)"，将Day设为"MID(F3,13,2)"，如下图所示。

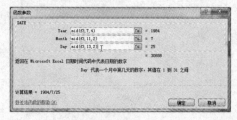

步骤 03 查看计算结果。单击"确定"按钮，此时在结果单元格E3中，即可显示计算结果，如下图所示。

步骤 04 复制公式。选择E3:E22单元格区域，单击"向下"填充按钮，完成公式的复制操作，如下图所示。

步骤 05 查看单元格公式。单击计算结果单元格，此时在表格上方的公式编辑框中，会显示该单元格所引用的公式，如下图所示。

步骤 06 修改公式。双击所需单元格，在公式编辑框中，修改引用的公式，按Enter键确认修改。

3 运用公式输入员工年龄

输入员工出生年月后，可使用IF函数快速输入员工年龄，具体操作如下。

步骤 01 插入日期与时间函数。选中D3结果单元格，在"插入函数"对话框中，将"或选择类别"设为"日期与时间"选项，将"选择函数"设为函数YEAR，如下图所示。

步骤 02 设置函数参数。将Serial_number设为"today()"，如下图所示。

步骤03 显示当前年份。单击"确定"按钮，此时D3单元格中显示当前年份，如下图所示。

步骤04 在公式栏中输入减号。在公式编辑栏中当前公式后输入减号"–"，如下图所示。

步骤05 再插入日期与时间函数。再次单击"插入函数"按钮，在打开的"插入函数"对话框中，同样插入"日期与时间"函数，并选择函数YEAR。

步骤06 输入函数参数。在"函数参数"对话框中，将Serial_number设为"E3"，如下图所示。

步骤07 设置数值格式。单击"确定"按钮，然后在"开始"选项卡的"数字"组中，单击"数字格式"下拉按钮，选择"文本"选项，如下图所示。

步骤08 完成计算操作。设置完成后，在D3单元格中即可显示员工年龄，如下图所示。

步骤09 复制引用公式。选中D3:D22单元格区域，单击"向下"填充按钮，将公式引用至剩余单元格中，如下图所示。

直接输入公式

用户可使用"插入函数"功能进行计算，也可直接在结果单元格中输入相关公式。需要注意的是，输入公式前，务必先输入"="。

6.1.2 使用基本公式进行计算

在一些统计表格中，经常会遇到对表格数据进行简单运算的问题，例如求和运算、平均值运算等。

① 计算平均值

在Excel 2010中求平均值的运算有两种方法，下面分别进行介绍。

步骤 01 选择平均值函数。选中L3结果单元格，切换至"公式"选项卡，在"函数库"组中单击"自动求和"下拉按钮，选择"平均值"选项，如下图所示。

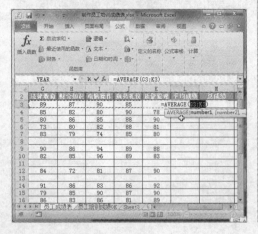

步骤 02 选择引用单元格。此时在L3单元格中已自动显示平均值公式，然后选择好单元格区域，这里为默认选择，如下图所示。

步骤 03 查看计算结果。按Enter键，此时在L3单元格中已显示结果，如下图所示。

步骤 04 插入平均值函数。选中L4结果单元格，单击"插入函数"按钮，在"插入函数"对话框中，将"或选择类别"设为"常用函数"，在"选择函数"列表中，选择函数AVERAGE，如下图所示。

步骤 05 单击选取按钮。在"函数参数"对话框中，单击Number1文本框右侧的选取按钮，如下图所示。

步骤 06 选择参数。 在表格中，选择参数区域，这里选择G4:K4单元格区域，如下图所示。

步骤 07 完成计算操作。 再次单击文本框右侧的选取按钮，返回"函数参数"对话框，此时在Number1文本框中已显示了参数区域，单击"确定"按钮即可完成计算，如下图所示。

步骤 08 复制公式。 选中L4:L22单元格区域，单击"向下"填充按钮，复制求平均值公式至其他单元格内，如下图所示。

❷ 计算求和值

在Excel 2010中，对数据进行求和的方法与求平均值的方法类似，方法如下。

步骤 01 选择自动求和功能。 选择M3结果单元格，在"公式"选项卡的"函数库"组中，单击"自动求和"按钮，如下图所示。

步骤 02 选择引用单元格。 此时需重新选择区域，在此选择G3:K3单元格区域，如下图所示。

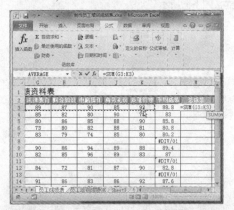

步骤 03 复制公式。 按Enter键，然后将求和公式复制到其他单元格中，如下图所示。

步骤 04 打开"Excel选项"对话框。单击"文件"标签，选择"选项"命令，打开"Excel选项"对话框，如下图所示。

步骤 05 选择相关选项。在左侧列表中选择"高级"选项，在"在此工作表的显示选项"中，取消勾选"在具有零值的单元格中显示零"复选框，如下图所示。

步骤 06 隐藏零数值。选择完成后，单击"确定"按钮，此时该工作表中所有值为零的单元格，其零将被隐藏，如下图所示。

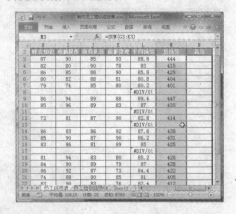

3 计算最大值、最小值

想要快速对表格数据中的最大值、最小值进行统计，可使用Excel中的MAX、MIN函数进行操作，方法如下。

步骤 01 启动最大值函数。选中J24单元格，在"公式"选项卡的"函数库"组中，单击"自动求和"下拉按钮，选择"最大值"选项，如下图所示。

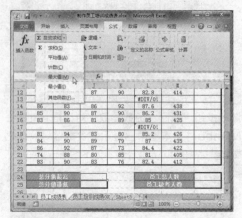

步骤 02 选择引用单元格。在该工作表中，选择M3:M22单元格区域，如下图所示。

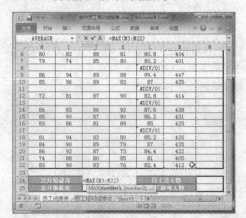

> **操作提示**
>
> **#DIV/0!错误提示**
> 当在结果单元格中出现字符#DIV/0!时，表示除数为0，结果无意义。此时需查看该公式引用单元格的数据是否有误。

步骤 03 完成计算。按Enter键，此时在J24单元格中即可显示计算结果，如下图所示。

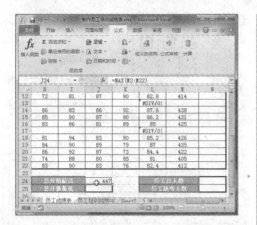

步骤 04 启动最小值函数。 选中J25结果单元格，单击"自动求和"下拉按钮，选择"最小值"选项，如下图所示。

步骤 05 选择引用单元格。 在工作表中按住Ctrl键选择M3:M7、M9:M10、M12、M14:M16、M18:M22单元格区域，如下图所示。

步骤 06 完成计算。 选择完成后，按Enter键，完成计算操作，结果如下图所示。

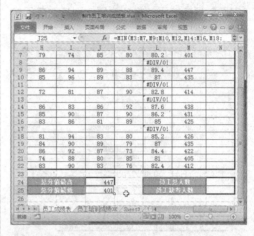

6.1.3 计算名次

如果想要将表格中的数据进行排名，可使用RANK函数进行操作，具体方法如下。

步骤 01 启动RANK函数。 选中N3结果单元格，单击"插入函数"按钮，在打开的对话框中，选择函数RANK，如下图所示。

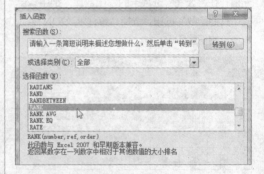

步骤 02 设置函数参数。 单击"确定"按钮，在"函数参数"对话框中，将Number设为"M3"，将Ref设为"$M$3:$M$22"，如下图所示。

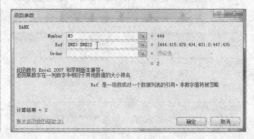

步骤 03 完成计算。 输入完毕后，按Enter键完成计算，然后选中N2:N22单元格区域，并单击"向下"填充按钮，将公式复制到其他单元格中，如下图所示。

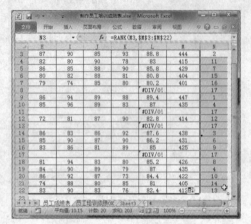

6.1.4 统计员工参考人数

有时统计表格中的数据时，需使用到统计函数。下面将介绍具体操作。

步骤 01 插入COUNTA函数。 选中N24结果单元格，在"公式"选项卡的"函数库"组中，单击"其他函数"按钮，选择"统计>COUNTA"选项，如下图所示。

步骤 02 设置函数参数。 在"函数参数"对话框中，将Value1设为"M3:M22"，如下图所示，单击"确定"按钮，在N24单元格中即可显示计算结果。

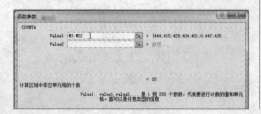

步骤 03 插入COUNTBLANK函数。 选中N25结果单元格，在"其他函数"列表中，选择"统计>COUNTBLANK"选项，如下图所示。

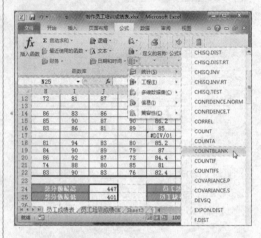

步骤 04 设置函数参数。 在打开的对话框中，将Range设置为"K3:K22"，如下图所示。

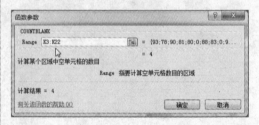

步骤 05 完成计算。 选择完成后即可完成计算，结果如下图所示。

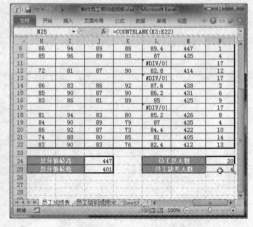

6.2 制作员工工资单

由于公司每月都需要向员工发放工资，所以制作工资单是财务人员必做的工作。下面以制作员工工资单为例，介绍Excel基本函数及查询系统的操作。本实例涉及到的函数有DATEDIF函数、VLOOKUP函数、IF函数以及OFFSET函数等。

6.2.1 设置工资表格式

将工资表内容录入好后，都需要对其表格格式进行调整，具体操作如下。

1 设置数字格式

在Excel中，数字格式为"常规"，用户可根据需要对格式进行设置。

步骤 01 选择数字格式。打开"员工工资表.xlsx"素材文件，选中F3:F22单元格区域，在"开始"选项卡的"数字"组中，单击"数字格式"下拉按钮，选择"货币"选项，如下图所示。

步骤 02 添加货币符号。选择完成后，被选中的单元格中会添加货币符号"￥"，如下图所示。

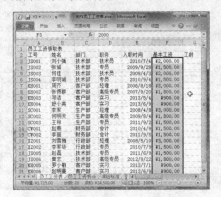

步骤 03 设置小数位数。同样选中F3:F22单元格区域，单击鼠标右键，执行"设置单元格格式"命令，在打开的对话框中，将"小数位数"设置为0，如下图所示。

步骤 04 完成数字格式设置。单击"确定"按钮，此时被选中的单元格内容格式已发生了变化，如下图所示。

步骤 05 启动格式刷功能。选中F3:F22单元格区域，在"开始"选项卡的"剪贴板"组中，单击"格式刷"按钮。

操作提示

如何清除货币格式

选中所需单元格，在"开始"选项卡的"数字"选项组中，单击"数字格式"下拉按钮，选择"常规"选项，即可清除货币格式。

步骤06 复制数字格式。当插入点显示为刷子图形时，选中I3:I22单元格区域，完成该数字格式的复制操作，如下图所示。

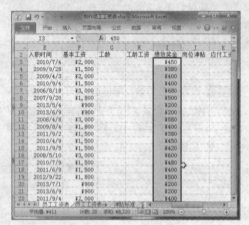

步骤07 复制其他数字格式。按照同样的操作，将其数字格式复制到L3:L22单元格区域，如下图所示。

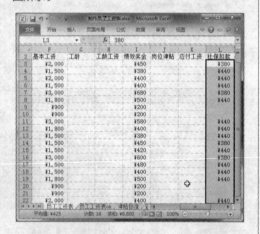

② 设置单元格格式

设置单元格格式，可使表格外观更美观，下面介绍具体步骤。

步骤01 合并标题行。选中A1:O1单元格区域，单击"合并后居中"按钮，将标题行合并。

操作提示

运用嵌套函数

通常在实际操作中，一个公式不会只使用一个函数，而是包含几个不同的函数，这种函数叫做嵌套函数，即一个函数作为另一个函数的参数出现。

步骤02 设置标题行内容格式。选中标题内容，在"字体"组中，对内容文本的字体和字号进行设置，如下图所示。

步骤03 设置表头行高。选中表格表头单元格，单击鼠标右键，执行"行高"命令，在打开的对话框中，输入行高值，如下图所示。

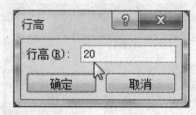

步骤04 设置表头内容格式。单击"确定"按钮，完成表头行高的设置。选中表头内容，将内容的字体、字号以及对齐方式进行设置，如下图所示。

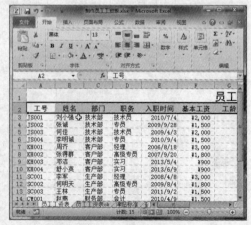

步骤05 设置表格正文格式。选中表格的正文内容，将其字体、字号、对齐方式及行高进行设置，如下图所示。

步骤06 设置表格边框。全选表格，打开"设置单元格格式"对话框，在"边框"选项卡中，设置好表格的外框线和内框线，如下图所示。

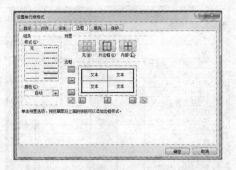

步骤07 填充表头底纹。选择表头内容，在"设置单元格格式"对话框中，在"填充"选项卡中，对其底纹颜色进行选择，单击"确定"按钮，完成填充操作，如下图所示。

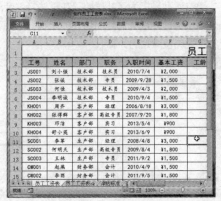

6.2.2 计算员工工资相关数据

表格内容及单元格格式设置完毕后，下面将利用Excel函数来计算表格数据。

1 计算员工工龄

使用DATEDIF函数可对员工工龄数据进行操作，具体操作方法如下。

步骤01 输入DATEDIF公式。选择G3结果单元格，在公式编辑框中输入"=DATEDIF(E3, TODAY(),"Y")"，如下图所示。

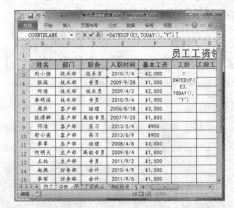

步骤02 完成计算。按Enter键，完成该单元格工龄值的计算操作，如下图所示。

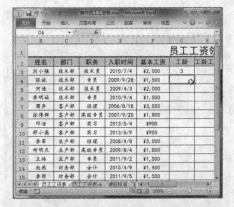

步骤 03 复制单元格公式。选择G3:G22单元格区域，单击"向下"填充按钮，将该公式复制到其他单元格中，如下图所示。

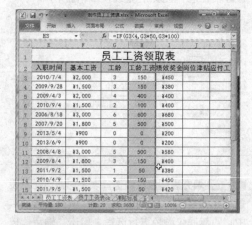

2 计算员工工龄工资

工龄工资是企事业单位按照员工的工作年龄、工作经验及劳动贡献的累积给予一定的经济补偿。下面以工龄在4年以内者每年增加50元，工龄在4年以上的每年增加100元为标准进行计算，方法如下。

步骤 01 输入函数公式。选中H3单元格，输入公式"=IF(G3<4,G3*50,G3*100)"，如下图所示。

步骤 02 完成计算。按Enter键，完成该单元格工龄工资的计算操作，如下图所示。

步骤 03 复制公式。选中H3:H22单元格区域，单击"向下"填充按钮，将该公式复制到其他单元格中，如下图所示。

3 计算岗位津贴

岗位津贴是指为了补偿职工在某些特殊劳动条件岗位劳动的额外消耗而建立的津贴。下面将介绍企业岗位津贴的计算。

步骤 01 新建"津贴标准"工作表。双击工作表标签，将其重命名，如下图所示。

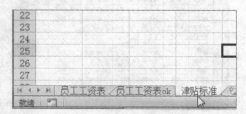

步骤 02 创建津贴标准表。在新的工作表中，将"员工工资表"中的"职务"一列内容复制粘贴至当前工作表的"职位"列中，如下图所示。

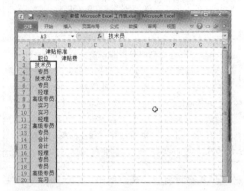

步骤 03 启动删除重复项功能。选中A3:A22单元格区域，在"数据"选项卡的"数据工具"组中，单击"删除重复项"按钮，如下图所示。

步骤 04 删除重复项。在"删除重复项警告"对话框中，单击"以当前选定区域排序"单选按钮，再单击"删除重复项"按钮，如下图所示。

高手妙招

使用定位法批量删除空行

在"开始"选项卡的"编辑"组中，单击"查找和选择"按钮，选择"定位条件"选项，在打开的对话框中，单击"空值"单选按钮，然后单击鼠标右键，执行"删除"命令即可批量删除。

步骤 05 设置相关参数。在如下图所示的"删除重复项"对话框中，单击"确定"按钮。

步骤 06 完成删除操作。在系统提示框中，单击"确定"按钮，完成删除操作，如下图所示。

步骤 07 查看效果。此时被选中的单元格区域已发生了相应的变化，如下图所示。

步骤 08 输入表格内容。在"津贴费"一列中，输入该列相关内容，结果如下图所示。

步骤 09 修饰工作表。全选表格，在"设置单元格格式"对话框中，对该表格的边框及底纹进行设置，结果如下图所示。

步骤 10 选择函数类型。切换到"员工工资表"工作表，选中J3结果单元格，单击"插入函数"命令，打开相应对话框，将"或选择类别"设为"查找与引用"，将"选择函数"设置为VLOOK-UP，如下图所示。

步骤 11 设置函数参数。在"函数参数"对话框中，将Lookup_value设为"D3"，将Table_array设为"津贴标准！$A$2：$B$8"，将Col_index_num设为"2"，将Rang_lookup设为FALSE，如下图所示。

步骤 12 复制函数公式。单击"确定"按钮，完成计算操作。选中J3:J22单元格区域，单击"向下"填充按钮完成公式复制操作，如下图所示。

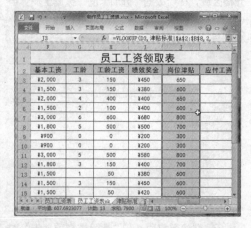

④ 计算应付工资

下面将对表格的"应付工资"数据进行计算，操作如下。

步骤 01 输入公式。单击K3结果单元格，输入"=F3+H3+I3+J3"，如下图所示。

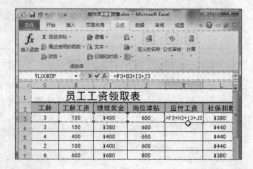

操作提示

绝对引用操作

复制单元格时，一般都使用相对引用方法，如不希望单元格地址变动，则需使用绝对引用，无论公式复制到哪，其单元格地址永远不变。

步骤 02 **完成计算。**按Enter键，完成计算，选中I3:I22单元格区域，单击“向下”填充按钮，复制公式值到其他单元格中，如下图所示。

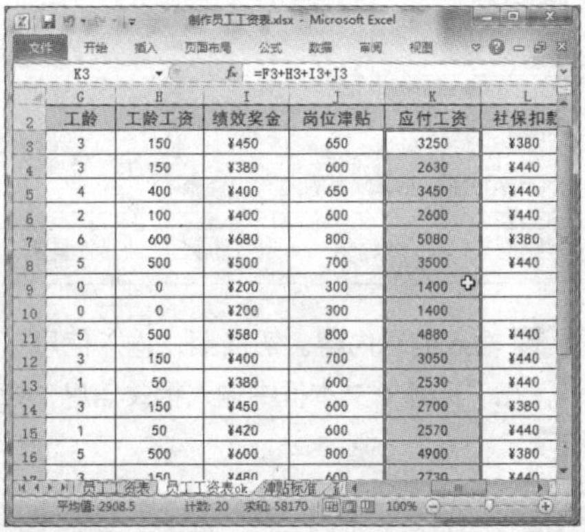

K3 =F3+H3+I3+J3

	工龄	工龄工资	绩效奖金	岗位津贴	应付工资	社保扣款
3	3	150	¥450	650	3250	¥380
4	3	150	¥380	600	2630	¥440
5	4	400	¥400	650	3450	¥440
6	2	100	¥400	600	2600	¥440
7	6	600	¥680	800	5080	¥380
8	5	500	¥500	700	3500	¥440
9	0	0	¥200	300	1400	
10	0	0	¥200	300	1400	
11	5	500	¥580	800	4880	¥440
12	3	150	¥400	700	3050	¥440
13	1	50	¥380	600	2530	¥440
14	3	150	¥450	600	2700	¥380
15	1	50	¥420	600	2570	¥440
16	5	500	¥600	800	4900	¥380

5 计算员工实发工资

当表格中所有结构数据组计算完成后，下面需对员工实际工资进行计算，操作如下。

步骤 01 **输入公式。**选中N3结果单元格，输入“=K3-L3-M3”，如下图所示。

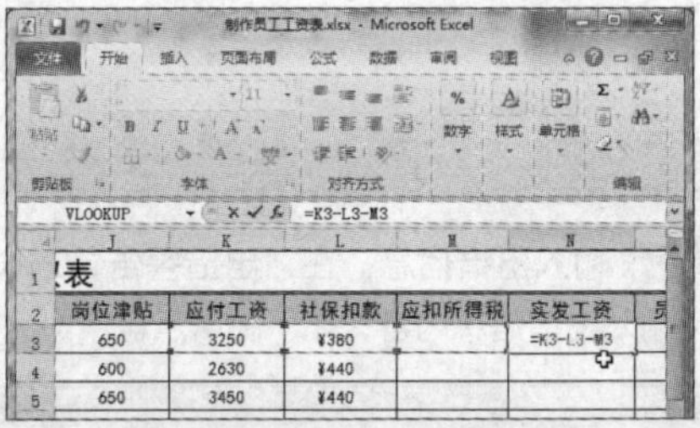

VLOOKUP =K3-L3-M3

	岗位津贴	应付工资	社保扣款	应扣所得税	实发工资
3	650	3250	¥380		=K3-L3-M3
4	600	2630	¥440		
5	650	3450	¥440		

高手妙招

启动插入函数功能的其他方法

用户除了在功能区中单击“插入函数”命令，打开“插入函数”对话框来操作外，还可以在公式编辑栏中，单击“插入函数”图标按钮，同样可打开“插入函数”对话框。

步骤 02 **完成计算。**按Enter键，完成计算操作。单击“向下”填充按钮，将该公式复制到其他单元格中，如下图所示。

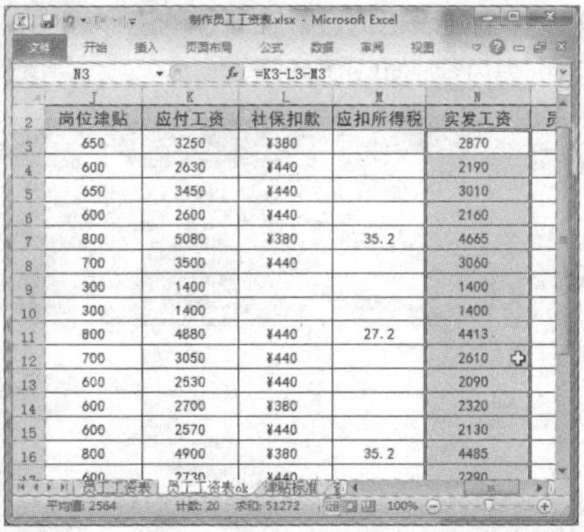

N3 =K3-L3-M3

	岗位津贴	应付工资	社保扣款	应扣所得税	实发工资
3	650	3250	¥380		2870
4	600	2630	¥440		2190
5	650	3450	¥440		3010
6	600	2600	¥440		2160
7	800	5080	¥380	35.2	4665
8	700	3500	¥440		3060
9	300	1400			1400
10	300	1400			1400
11	800	4880	¥440	27.2	4413
12	700	3050	¥440		2610
13	600	2530	¥440		2090
14	600	2700	¥380		2320
15	600	2570	¥440		2130
16	800	4900	¥380	35.2	4485

步骤 03 **添加货币符号。**选中“应付工资”单元格区域，在“设置单元格格式”对话框的“数字”选项卡中，选择“货币”选项，将“小数位数”设为0，单击“确定”按钮，为该列数据添加货币符号，如下图所示。

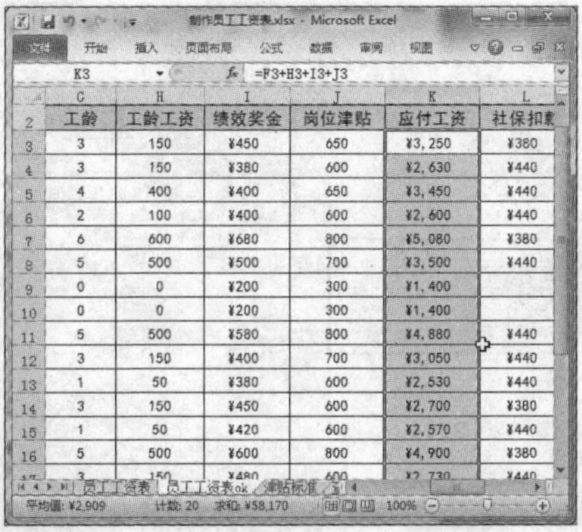

K3 =F3+H3+I3+J3

	工龄	工龄工资	绩效奖金	岗位津贴	应付工资	社保扣款
3	3	150	¥450	650	¥3,250	¥380
4	3	150	¥380	600	¥2,630	¥440
5	4	400	¥400	650	¥3,450	¥440
6	2	100	¥400	600	¥2,600	¥440
7	6	600	¥680	800	¥5,080	¥380
8	5	500	¥500	700	¥3,500	¥440
9	0	0	¥200	300	¥1,400	
10	0	0	¥200	300	¥1,400	
11	5	500	¥580	800	¥4,880	¥440
12	3	150	¥400	700	¥3,050	¥440
13	1	50	¥380	600	¥2,530	¥440
14	3	150	¥450	600	¥2,700	¥380
15	1	50	¥420	600	¥2,570	¥440
16	5	500	¥600	800	¥4,900	¥380

步骤 04 **为其他单元格区域添加货币符号。**按照同样的操作方法，为“工龄工资”、“岗位津贴”单元格区域添加货币符号。

6.2.3 制作工资查询表

想要在一些复杂的数据中快速查找到自己所需的数据，需使用查询和引用函数进行操作。

1 新建工资查询表

为了能够快速查找到表格中的数据，需重新创建一个查询表格。

步骤 01 **新建工资查询表。**在状态栏中单击“插入工作表”按钮新建工作表，并将其重命名为“查询工作表”。

步骤 02 创建表格内容。在新建的工作表中，输入查询表内容，如下图所示。

步骤 03 修饰工作表。为工作表添加表格边框，并对表格内容格式进行设置，如下图所示。

2 插入查找函数

表格创建完成后，接下来即可在表格中插入函数，并对数据进行查询。下面介绍具体操作。

步骤 01 打开"数据有效性"对话框。在"查询工资表"中，选中B3单元格，单击"数据有效性"按钮，打开相应对话框。

步骤 02 设置数据有效性。在"数据有效性"对话框中，将"允许"设置为"序列"，将"来源"设置为"员工工资表"中的"工号"一列，如下图所示。

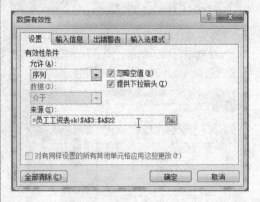

步骤 03 输入信息内容。切换至"输入信息"选项卡，在"标题"文本框中输入相关信息，如下图所示。

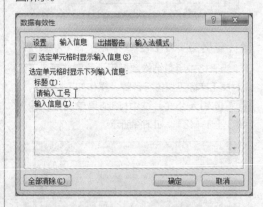

步骤 04 输入出错信息。在"出错警告"选项卡中，输入出错信息内容，如下图所示。

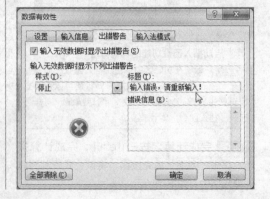

步骤 05 **完成操作。** 单击"确定"按钮关闭对话框，完成数据有效性的设置操作，如下图所示。

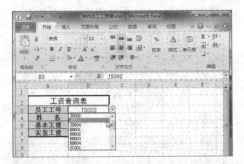

步骤 06 **插入函数。** 选中B4单元格，单击"插入函数"按钮，在"插入函数"对话框中选择函数VLOOKUP，如下图所示。

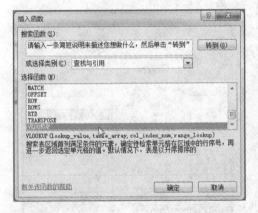

步骤 07 **设置函数参数。** 在"函数参数"对话框中，将Lookup_value设为"B3"；在Table_array文本框中，选择"员工工资表"表格区域；将Col_index_num设为2；将Range_lookup设为"false"，如下图所示。

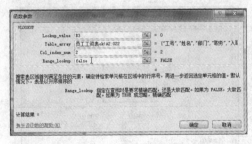

步骤 08 **查看结果。** 单击B3单元格，选择好所需"工号"，此时在B4单元格中，会显示相关姓名，如下图所示。

步骤 09 **插入函数。** 选中B5单元格，单击"插入函数"按钮，选择VLOOKUP函数。

步骤 10 **设置函数参数。** 在"函数参数"对话框中，将Lookup_value设为"B3"；在Table_array文本框中，选择"员工工资表"表格区域；将Col_index_num设为6；将Range_lookup设为"false"，如下图所示。

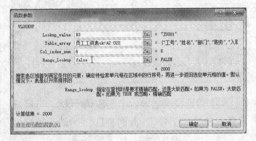

步骤 11 **完成设置。** 单击"确定"按钮，即可在B5单元格中，显示相关数值，如下图所示。

步骤 12 **插入VLOOKUP函数。** 选中B6单元格，在"插入函数"对话框中，插入VLOOKUP函数。

步骤13 设置函数参数值。在"函数参数"对话框中，将Lookup_value设为"B3"；在Table_array文本框中，选择"员工工资表"表格区域；将Col_index_num设为14；将Range_lookup设为"false"，如下图所示。

步骤14 完成设置。设置完成后，单击"确定"按钮，关闭对话框，此时在B6单元格中即可显示相关数据，如下图所示。

步骤15 验证设置结果。单击B3单元格，选择好需要查找的"工号"，此时在B4:B6单元格区域中，则可显示相关数据，如下图所示。

6.2.4 设置工资表页面

工资表数据制作完毕后，可对工资表页面进行设置，下面介绍具体操作。

步骤01 设置纸张方向。打开"员工工资表"，切换至"页面布局"选项卡，在"页面设置"组中，单击"纸张方向"下拉按钮，选择"横向"选项，如下图所示。

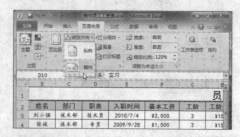

步骤02 设置纸张大小。单击"纸张大小"下拉按钮，选择所需的纸张大小，这里选择"A4长"选项，如下图所示。

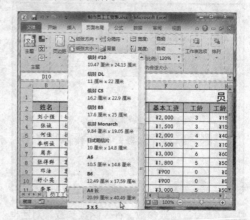

步骤03 设置页面边距。打开"页面设置"对话框，在"页边距"选项卡的"居中方式"选项组中，勾选"水平"和"垂直"复选框，并将"上"、"下"、"左"、"右"页边距均设为2，如下图所示。

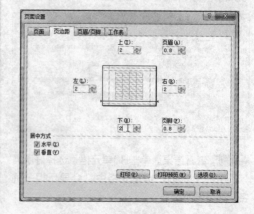

步骤 04 自定义页眉。切换至"页眉/页脚"选项卡，单击"自定义页眉"按钮，如下图所示。

步骤 05 设置页眉参数。在"页眉"对话框中，单击"右"文本框，输入页眉相关内容，如下图所示。

步骤 06 设置页眉格式。选中页眉内容，单击"格式文本"按钮，打开"字体"对话框，并对其相关选项进行设置，如下图所示。

步骤 07 设置页脚。单击"确定"按钮，完成页眉的设置。然后单击"页脚"按钮，选择满意的页脚内容，如下图所示。

步骤 08 完成设置。单击"确定"按钮即可完成"页眉"和"页脚"的设置操作。

步骤 09 设置打印缩放比例。若需要对打印比例进行设置时，可在"页面布局"选项卡的"调整为合适大小"组中，单击"缩放比例"文本框，输入所需比例值即可，如下图所示。

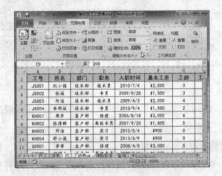

6.2.5 制作并打印工资条

通常每月发放的工资对于员工来说属于个人隐私，所以一般工资表统计完毕后，都需要为每位员工制作单独的工资条。下面将介绍工资条的制作方法。

1 创建工资条表格

工资条内容与工资表大致相同，用户只需复制工资表表头内容，并进行相关设置即可完成，操作如下。

步骤 01 新建工作表。单击"插入工作表"按钮插入新工作表，将其重命名为"工资条"。

步骤 02 复制粘贴工资表内容。在"员工工资表"中,选中A2:O2单元格区域,单击"复制"按钮,然后在"工资条"工作表中选中A2单元格,选择"保留源格式"粘贴选项,完成粘贴操作,如下图所示。

步骤 03 添加表格边框。在"工资条"工作表中,选择A2:O3单元格区域,在"设置单元格格式"对话框中,设置表格边框,结果如下图所示。

2 制作工资条

表格创建好后,用户可使用Offset函数来生成工资条,操作方法如下。

步骤 01 插入函数。在"工资条"工作表中,选中A3单元格,单击"插入函数"按钮,打开相应对话框,选择函数OFFSET,单击"确定"按钮,如下图所示。

步骤 02 设置函数参数。在"函数参数"对话框中,设置参数如下图所示。

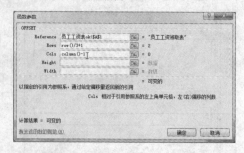

步骤 03 复制公式。单击"确定"按钮,完成操作。此时向右拖动A3单元格填充手柄至所需位置,释放鼠标即可完成复制操作,如下图所示。

步骤 04 选择单元格区域。在"工资条"工作表中,选择A2:O4单元格区域,如下图所示。

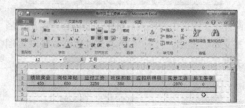

步骤 05 复制公式完成操作。在单元格右下角的填充手柄上按住鼠标左键,向下拖动至所需位置,释放鼠标即可完成所有员工工资条的制作操作,最终结果如下图所示。

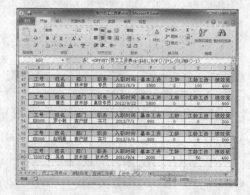

6.3 制作万年历

万年历的制作方法很多,但使用Excel软件来制作万年历,你也许是第一次听说。使用Excel制作万年历后,可随意查询任何日期所属的年和月,非常方便。下面向用户介绍如何利用Excel函数功能来制作万年历。

6.3.1 使用函数录入日期

制作万年历之前,先根据需要输入日历的基本数据,结果如下图所示。

❶ 设置当前日期

下面使用函数TODAY来计算当前日期。

步骤 01 合并单元格。选中B1:D1单元格区域,单击"合并后居中"按钮,将单元格进行合并,如下图所示。

步骤 02 输入公式。合并单元格后,在公式编辑栏中输入"=TODAY()"公式,如下图所示。

步骤 03 选择数据格式。选中B1单元格并右击执行"设置单元格格式"命令,如下图所示。

步骤 04 选择数据类型。在"设置单元格格式"对话框的"分类"列表中,选择"日期"选项,并在"类型"列表中,选择合适的类型,如下图所示。

步骤 05 查看结果。 单击"确定"按钮,此时在B1单元格中即可以显示设置的数值格式,如下图所示。

② 设置显示星期数

如果想要在日历中显示当前星期数,可通过以下方法进行操作。

步骤 01 输入公式。 选中F1单元格,在公式编辑栏中输入"=IF(WEEKDAY(B1,2)=7,"日",WEEKDAY(B1,2))",如下图所示。

步骤 02 设置星期格式。 输入完成后按Enter键,此时F1单元格中显示相应数值。

高手妙招

计算复杂的函数需注意

在对一些比较复杂的函数来说,手工输入公式的方式较为合适。但需要注意的是,对于部分新手来说,由于不理解公式的结构,所以无法顺利输入公式,此时则必须借助于"插入函数"对话框来输入。

步骤 03 设置单元格格式。 选中F1单元格,打开"设置单元格格式"对话框,设置"分类"为"特殊"、"类型"为"中文小写数字",如下图所示。

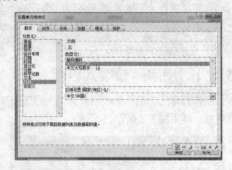

步骤 04 查看结果。 设置完后单击"确定"按钮,即可更改F1单元格的数字格式,如下图所示。

③ 设置当前时间

按照同样的方法,也可将当前时间进行显示,方法如下。

步骤 01 输入公式。 选中H1单元格,在公式编辑栏中输入"=NOW()",如下图所示。

步骤 02 设置格式。此时，在H1单元格中，可显示当前年、月、日及时间，如下图所示。

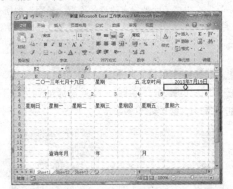

步骤 03 设置时间格式。打开"设置单元格格式"对话框，设置"分类"为"时间"、"类型"为相应的数字格式，如下图所示。

步骤 04 完成操作。单击"确定"按钮，完成数字格式的设置操作，如下图所示。

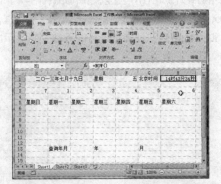

4 制作日历年份和月份

在当前表格中，需要制作年份和月份的列表，方便用户后期进行查找，方法如下。

步骤 01 输入年份。分别在I1和I2单元格中，输入年份数值，如1950和1951，如下图所示。

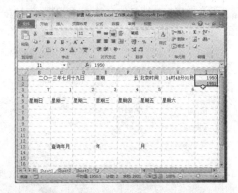

步骤 02 复制年份数。选中I1:I2单元格区域，按住鼠标左键，选中单元格右下角填充手柄，拖曳该手柄至所需位置，如到2050年，如下图所示。

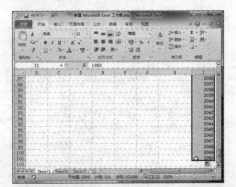

步骤 03 完成月份输入。按照同样的操作，完成月份数值的输入操作，如下图所示。

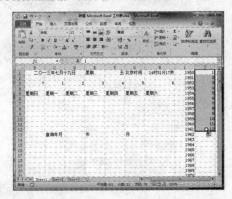

⑤ 制作查询列表

年份和月份数据输入完成后，可使用数据有效性功能来制作查询列表，方法如下。

步骤01 制作年份下拉列表。选中D13单元格，单击"数据有效性"按钮，打开相应对话框。

步骤02 选择有效性条件。单击"允许"下拉按钮，选择"序列"选项，如下图所示。

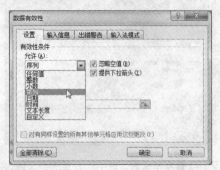

步骤03 选择数据来源。单击"来源"右侧的选取按钮，选择I1:I101单元格区域，如下图所示。

步骤04 完成设置。此时在"来源"下的文本框中显示了相应的数据，单击"确定"按钮，如下图所示。

步骤05 制作月份下拉列表。选中F13单元格，按照同样的操作，将1月~12月份添加到月份下拉列表中，结果如下图所示。

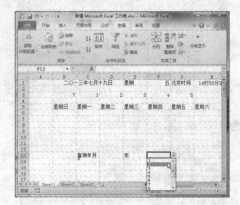

⑥ 计算当月天数、星期值

下面将使用逻辑函数来计算被选月份的天数及星期值。

步骤01 输入公式。选中A2单元格，在公式编辑栏中输入"=IF(F13=2,IF(OR(D13/400=INT(D13/400),AND(D13/4=INT(D13/4),D13/100<>INT(D13/100))),29,28),IF(OR(F13=4,F13=6,F13=9,F13=11),30,31))"，按Enter键，此时系统将自动计算出该月的天数，并显示出来，如下图所示。

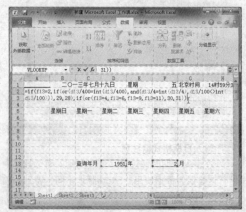

步骤 02 输入公式。选择B2单元格，在公式编辑栏中输入"=IF(WEEKDAY(DATE($D$13,$F$13,1),2)=B3,1,0)"，如下图所示。

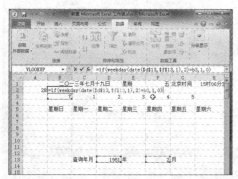

步骤 03 向右复制公式。设置完成后，选中单元格填充手柄，按住鼠标左键，向右拖曳其至H2单元格，如下图所示。

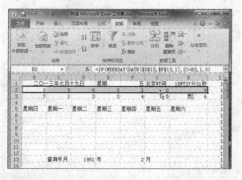

7 开始制作万年历

所有准备工作完成后，下面即可使用函数来制作万年历了。

步骤 01 输入B6单元格公式。选中B6单元格，在公式编辑栏中输入"=IF(B2=1,1,0)"，如下图所示。

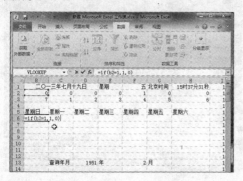

步骤 02 输入B7单元格公式。选择B7单元格，在公式编辑栏中输入"=H6+1"，如下图所示。

步骤 03 复制公式。选中B7单元格，将公式复制到B8、B9单元格中，结果如下图所示。

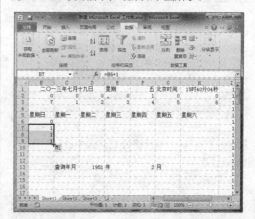

步骤 04 输入B10单元格公式。选中B10单元格，输入"=IF(H9>=A2,0,H9+1)"，如下图所示。

步骤 05 输入B11单元格公式。选中B11单元格，输入"=IF(H10>=A2,0,IF(H10>0,H10+1,0))"如下图所示。

操作提示

了解Excel日期系统

Excel提供了两种日期系统，分别为1900日期系统和1904日期系统。默认情况下，Windows操作系统中的Excel使用1900日期系统，而Macintosh操作系统的Excel使用的是1904日期系统，为了保持兼容性，Windows中的Excel同时提供了两种日期系统，用户可在"Excel选项"对话框中设置。

步骤 06 输入C6单元格公式。选中C6单元格，输入公式"=IF(B6>0,B6+1,IF(C2=1,1,0))"，如下图所示。

步骤 07 复制公式。选中C6单元格，并向右拖曳填充手柄至H6单元格，如下图所示。

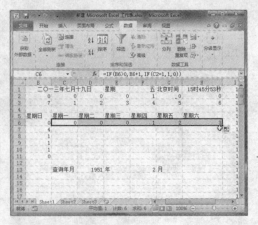

步骤 08 输入C7单元格公式。选中C7单元格，输入公式"=B7+1"，如下图所示。

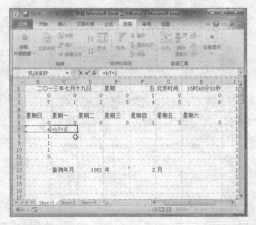

步骤 09 复制公式。选中C7单元格，向下拖曳填充手柄至C9单元格，然后将其向右拖动至H9单元格，如下图所示。

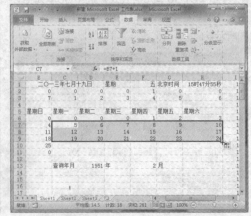

步骤 10 输入C10单元格公式。选中C10单元格，输入公式"=IF(B10>=$A$2,0,IF(B10>0,B10+1, IF(C6=1,1,0)))"，如下图所示。

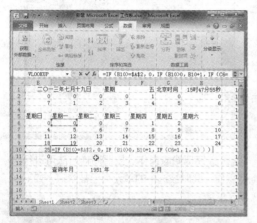

步骤 11 完成万年历的制作。选中C10单元格填充手柄，按住鼠标左键向右拖曳其至H10单元格，然后再次选中C10单元格填充手柄，向下拖曳至C11单元格，如下图所示。

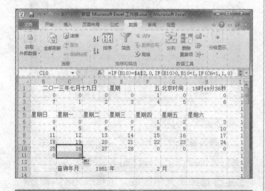

步骤 12 验证结果。万年历的数据制作完毕后，单击"查询年月"或"月"下拉列表，选择相应的年月份，此时万年历的数值会发生相应的变化，如下图所示。

6.3.2 美化万年历

刚做好的万年历外观看上去有点简陋，并且万年历周围还显示着一些辅助数据。为了使该万年历的外观看上去清爽整洁，用户可以适当地对其外观进行一些修饰，具体操作如下。

1 隐藏单元行或列

若要将万年历周围的一些辅助数据删除，会直接影响到该年历的数据显示。此时，用户只需将这些数据隐藏即可。

步骤 01 选中单元行。选中表格的第2行~第3行，如下图所示。

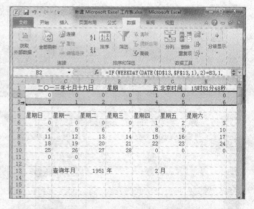

步骤 02 选择隐藏选项。单击鼠标右键，在快捷菜单中执行"隐藏"命令，如下图所示。

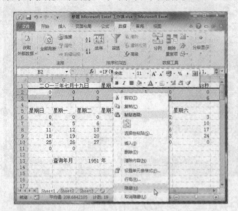

步骤 03 完成隐藏。此时被选中的单元行已被隐藏。此时行序号发生了相应变化，如下图所示。

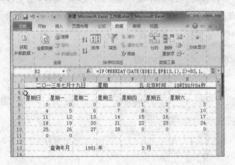

步骤 04 选择单元列。在该表格中，选中I~J单元列，如下图所示。

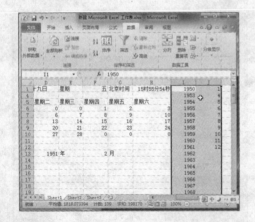

步骤 05 选择隐藏选项。在"开始"选项卡的"单元格"组中，单击"格式"下拉按钮，选择"隐藏或取消隐藏>隐藏列"选项，如下图所示。

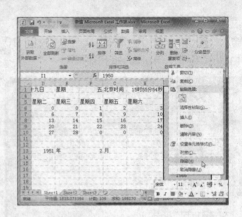

步骤 06 完成隐藏操作。按照同样方法可进行隐藏操作。此时被选中的单元列已被隐藏，如下图所示。

2 修饰万年历内容

隐藏好多余的数据后，下面就可对万年历内容进行修饰操作了，操作如下。

步骤 01 选择单元格区域。选择B5:H11单元格区域，如下图所示。

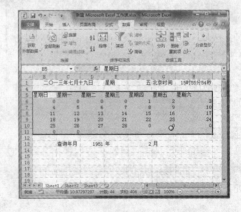

步骤 02 设置内容格式。在"开始"选择卡的"字体"组中，根据需要对文本字体格式进行设置，结果如下图所示。

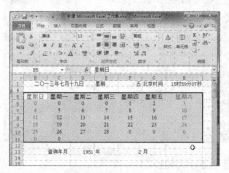

步骤 03 打开"选项"对话框。同样选择B5:H11单元格区域，切换至"文件"选项面板，选择"选项"选项，打开"Excel选项"对话框，如下图所示。

步骤 04 选择相关选项。单击"高级"选项，在右侧的"此工作表的显示选项"选项组中，取消勾选"在具有零值的单元格中显示零"复选框，如下图所示。

步骤 05 查看效果。单击"确定"按钮，完成设置操作。此时被选中的单元格中的零值已被隐藏，如下图所示。

步骤 06 设置当前日期格式。选中B1:H1单元格区域，在"字体"组中，设置其文本格式，结果如下图所示。

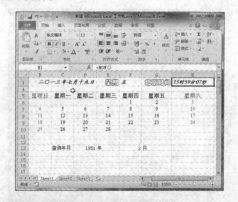

步骤 07 设置查询年月内容格式。选中C13:G13单元格区域，在"字体"组中，对其文本格式进行设置，结果如下图所示。

步骤 08 打开设置对话框。选中B5:H11单元格区域，单击鼠标右键，执行"设置单元格格式"命令，打开相应对话框。

步骤 09 添加表格边框。在"边框"选项卡中，根据需要对表格边框线进行设置，如下图所示。

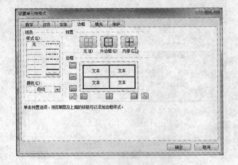

步骤 10 查看设置结果。选择完成后，单击"确定"按钮，完成边框线的添加操作，结果如下图所示。

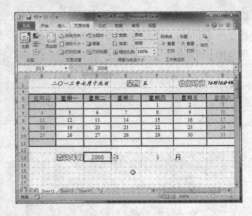

操作提示

> **三种引用公式类型的区别**
>
> 在Excel中公式的引用有三种类型，分别为：相对引用、绝对引用和混合引用。相对引用是指公式复制到其他单元格中，行和列的引用也会相应地改变；绝对引用是指当公式复制到其他单元格时，行和列的引用不会改变；而混合引用是介于相对引用与绝对引用之间的引用方式，行和列中一个是相对引用，另一个则是绝对引用。

步骤 11 添加表格底纹。选中表格中相关的单元格区域，在"设置单元格格式"对话框的"边框"选项卡中，选择相应的底纹颜色进行添加，如下图所示。

3 添加背景图片

在Excel中，用户同样可对其文档添加背景图片，操作如下。

步骤 01 打开背景设置对话框。切换至"页面布局"选项卡，在"页面设置"组中，单击"背景"按钮。在"工作表背景"对话框中选择满意的图片，单击"插入"按钮，如下图所示。

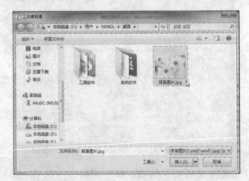

步骤 02 查看结果。设置完成后即可实现Excel文档背景的填充，如下图所示。

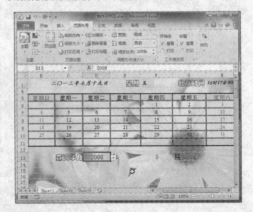

7
Chapter

使用Excel
对数据进行排序汇总

在日常工作中，经常会遇到一些繁锁的数据表格。若想快速处理分析这些数据，需使用Excel数据管理功能。运用好该功能，用户可快速了解表格的数据信息，从中能够轻松地提取有效数据。本章将介绍如何使用Excel来对数据进行分析操作，例如数据排序、数据筛选以及分类汇总数据等。

7.1 制作电子产品销售统计表

通常制作某产品销售统计表是为了能够及时了解到该产品在市场上的一些销售情况。公司的销售部门会根据该统计信息，对该产品作相应调整。下面以制作电子产品销售统计表为例，介绍如何对表格数据进行统计分析操作。

7.1.1 输入表格数据

打开"电子产品销售统计表.xlsx"素材文件，选中所需单元格即可输入相关数据。

步骤 01 输入公式。选中G2单元格，输入公式"=(E2-F2)/E2"，如下图所示。

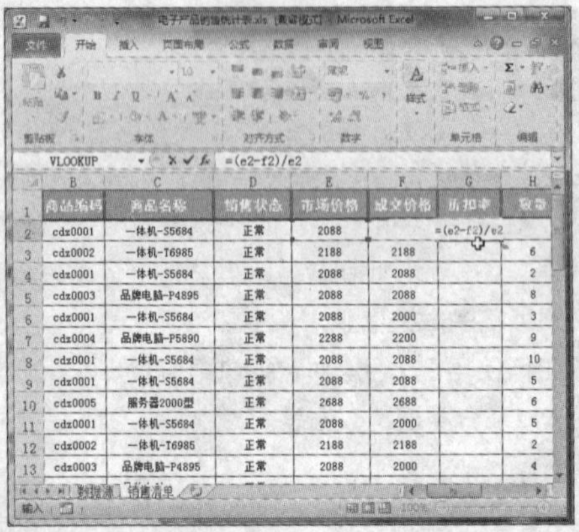

步骤 02 设置数据格式。按Enter键，完成计算，同样选中G2单元格，单击"数字格式"下拉按钮，选择"百分比"选项，如下图所示。

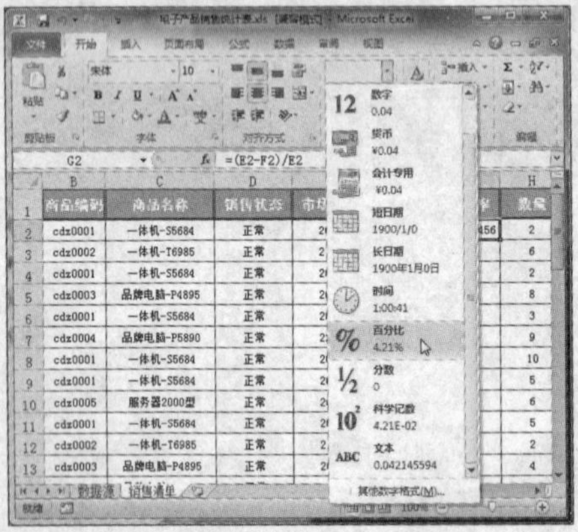

步骤 03 复制公式。选中G2:G48单元格区域，单击"向下"填充按钮，复制公式，如下图所示。

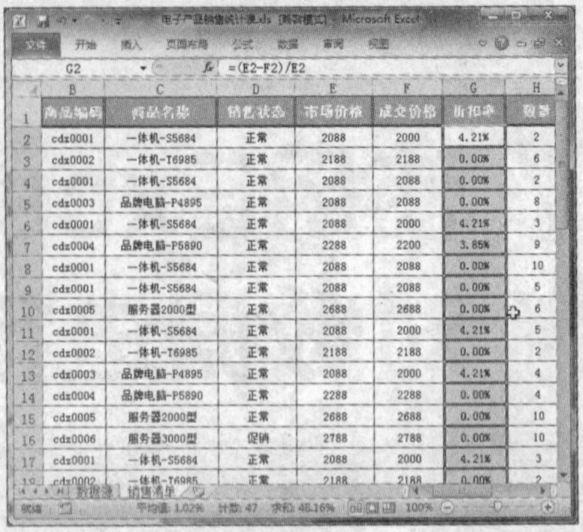

步骤 04 输入公式。选中I2单元格，输入公式"=F2*H2"，如下图所示。

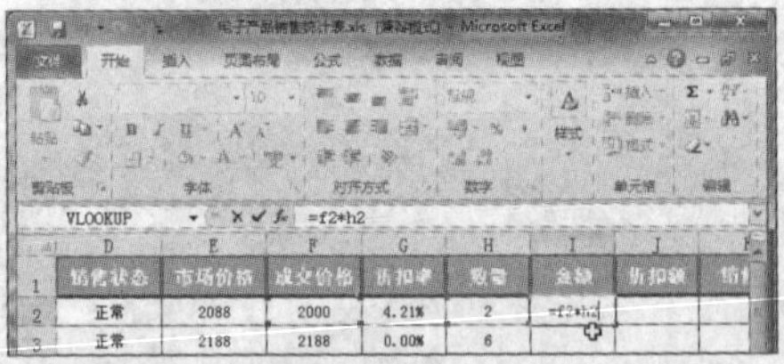

步骤 05 完成"金额"计算。按Enter键完成计算。单击"向下"填充按钮，将公式复制到其他单元格中，如下图所示。

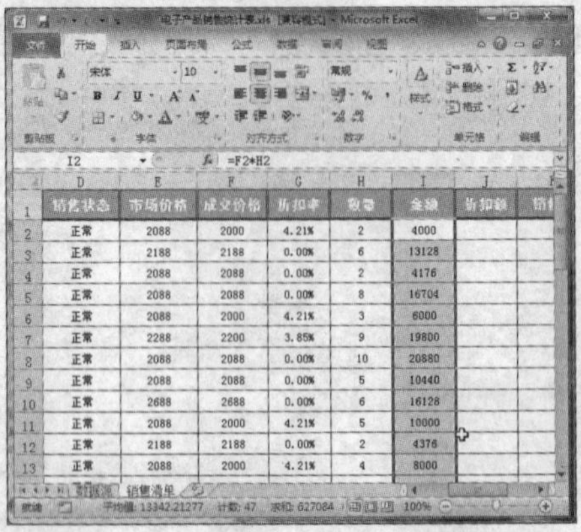

步骤 06 输入公式。 选中J2单元格,输入公式 "=G2*I2",如下图所示。

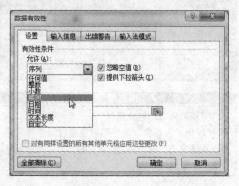

步骤 07 完成"折扣额"计算。 按Enter键完成计算,然后单击"向下"填充按钮,将公式复制到其他单元格中,如下图所示。

步骤 08 设置数据有效性。 选中K2单元格,单击"数据有效性"按钮,打开相应对话框,设置"允许"选项为"序列",如下图所示。

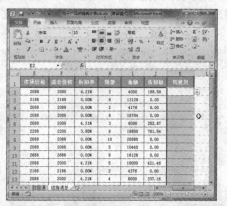

步骤 09 框选数据来源。 单击"来源"文本框右侧选取按钮,选择"数据源"工作表中的F2:F8单元格区域,如下图所示。

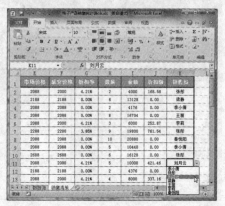

步骤 10 完成设置。 单击"确定"按钮,完成数据有效性的设置操作。选中K2:K48单元格区域,单击"向下"填充按钮,将该设置复制到其他单元格,如下图所示。

步骤 11 输入有效数据。 单击K2单元格,在下拉列表中选择相关销售员的姓名。按照同样方法,完成"销售员"列的数据输入,如下图所示。

步骤12 设置数字格式。选中J2:J48单元格区域，单击"数据格式"下拉按钮，选择"货币"选项，即可为该列数值添加货币符号，如下图所示。

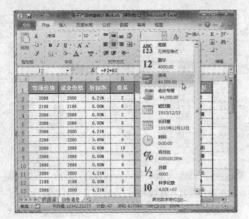

步骤13 设置小数位数。同样选择该单元格区域，打开"设置单元格格式"对话框，将"小数位数"设为0，如下图所示。

步骤14 完成数据格式更改。单击"确定"按钮，完成数据格式的更改操作，如下图所示。

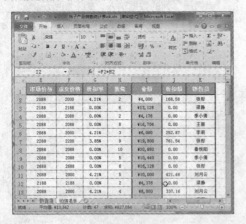

步骤15 设置其他数据格式。按照同样的方法，设置E列和F列的数据格式，如下图所示。

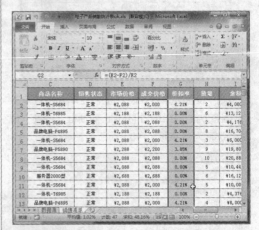

7.1.2 为表格数据添加条件格式

为了突出显示表格中某些数据，用户可使用条件格式功能来实现。

1 使用色阶显示折扣率和折扣额

想要在表格中快速查看到自己所需的数据信息，可使用Excel色阶功能来操作，方法如下。

步骤01 选择单元列。在表格中，选择G列内容，如下图所示。

操作提示

"图标集"功能介绍

使用"图标集"功能可对数据进行注释，并可以按阈值将数据分为3~5个类别。其中每个图标代表一个值的范围。

步骤 02 启动"色阶"功能。在"开始"选项卡的"样式"组中，单击"条件格式"下拉按钮，选择"色阶"选项，并在级联列表中选择所需的选项，如下图所示。

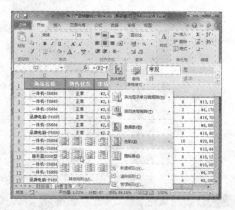

步骤 03 完成设置。选择完成后，此时被选的G列内容已添加了色阶效果，如下图所示。

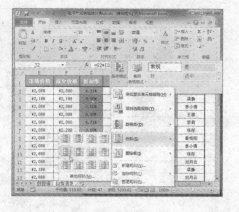

步骤 04 为J列添加色阶。选择J列，单击"色阶"按钮，选择色阶样式，如下图所示。

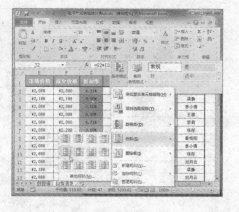

步骤 05 完成J列填充操作。选择后，J列单元格区域已发生了相应的变化，如下图所示。

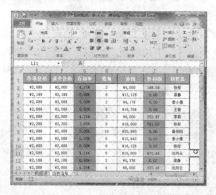

2 使用数据条显示成交额数据

下面介绍如何使用数据条功能来突出显示成交额数据。

步骤 01 启动数据条功能。选中F列单元格，单击"条件格式"下拉按钮，选择"数据条"选项，并在级联列表中选择所需的选项，如下图所示。

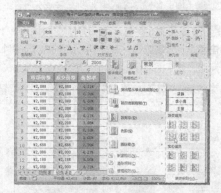

步骤 02 查看效果。选择完成后，被选中的F列单元格已发生了相应的变化，如下图所示。

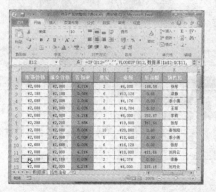

3 使用条件规则显示金额数据

在Excel 2010中，使用"突显单元格规则"条件格式的操作方法如下。

步骤 01 启动相关功能。选中I列单元格，单击"条件格式"下拉按钮，选择"突出显示单元格规则"选项，并在其级联列表中，选择满意条件选项，如下图所示。

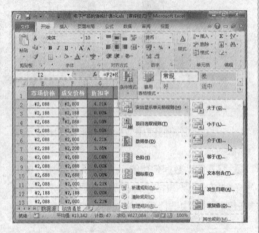

步骤 02 设置第1参数。在"介于"对话框中，单击第1个选取按钮，在I列单元格中，选中I11单元格，如下图所示。

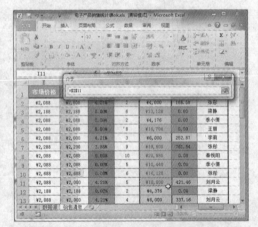

操作提示

删除条件规则

若想删除条件规则，只需单击"条件格式"下拉按钮，选择"清除规则"选项，并在其级联列表中，根据需要选择相关选项即可。

步骤 03 设置第2参数。在"介于"对话框中，单击第2个选取按钮，并选中I列的I41单元格，如下图所示。

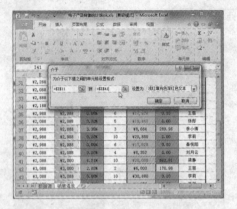

步骤 04 设置填充颜色。单击"设置为"下拉按钮，选择满意的填充颜色，如下图所示。

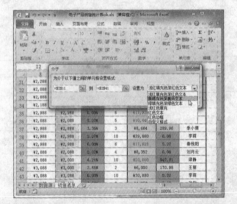

步骤 05 完成设置。设置完成后，单击"确定"按钮，此时I列单元格中，大于等于1万且小于等于2万的数据都会被突出显示，如下图所示。

4 新建条件规则

如果Excel中的内置条件规则无法满足需求，用户可进行自定义操作，方法如下。

步骤 01 **新建条件规则**。选中H列单元格区域，单击"条件格式"下拉按钮，在下拉列表中选择"新建规则"选项，如下图所示。

步骤 02 **选择规则类型**。在"新建格式规则"对话框的"选择规则类型"列表框中，选择"只为包含以下内容的单元格设置格式"选项，如下图所示。

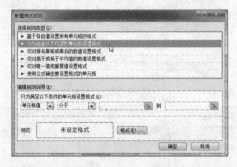

步骤 03 **编辑规则说明**。在"编辑规则说明"选项组中，设置规则参数，如下图所示。

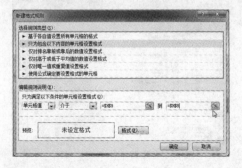

步骤 04 **设置规则格式**。单击"格式"按钮，在"设置单元格格式"对话框中，切换至"填充"选项卡，单击"填充效果"按钮，如下图所示。

步骤 05 **设置填充效果样式**。在"填充效果"对话框中，设置填充渐变色，如下图所示。

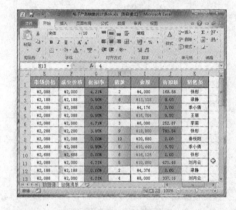

步骤 06 **完成设置**。依次单击"确定"按钮，完成H列条件规则格式的创建设置，如下图所示。

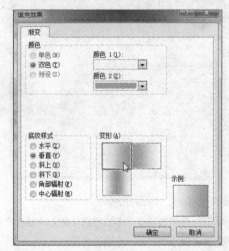

7.1.3 对表格数据进行排序

用户可根据需求，对表格中相应的数据进行排序。排序类型有多种，例如按行排序、按列排序和自定义排序等，下面将介绍数据排序的操作方法。

1 按"成交价格"进行排序

下面以表格中的F列为例，介绍数据排序的操作方法。

步骤01 启动排序功能。选中表格中F列任意的单元格，在"开始"选项卡的"编辑"组中，单击"排序和筛选"下拉按钮，并在其下拉列表中选择"升序"选项，如下图所示。

步骤02 完成排序。选择完成后，F列中的所有数据从小到大进行排序，如下图所示。

2 按"金额"进行排序

下面介绍如何使用表格筛选功能对表格中的I列数据进行排序。

步骤01 转换表格。在"插入"选项卡中，单击"表格"按钮，打开"创建表"对话框，如下图所示。

步骤02 添加筛选按钮。全选表格所有数据，单击"确定"按钮，此时在表格首行单元格中显示筛选按钮，如下图所示。

步骤03 选择排序方式。单击I列首行单元格的筛选按钮，在下拉列表中选择"降序"选项，如下图所示。

步骤 04 完成排序操作。此时I列数据以降序显示，结果如下图所示。

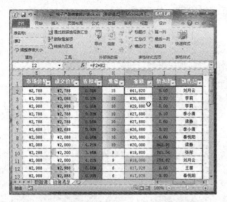

3 自定义排序数据

在对表格中的数据进行排序时，会出现排序的字段中存在多个相同数据的情况，此时就需要使这些字段按另一个字段中的数据进行排序。下面介绍自定义排序操作。

步骤 01 启动"自定义排序"功能。选中I列任意单元格，单击"排序和筛选"下拉按钮，选择"自定义排序"选项，如下图所示。

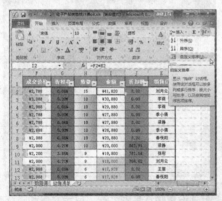

步骤 02 设置主要关键字。在"排序"对话框中，单击"主要关键字"下拉按钮，选择"金额"，再将"次序"设置为"升序"，如下图所示。

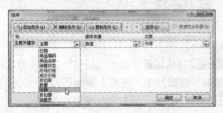

步骤 03 添加条件。单击"添加条件"按钮，并将"主要关键字"设为"销售员"，将"次序"设为"降序"选项，如下图所示。

步骤 04 设置选项参数。单击"选项"按钮，在弹出的"排序选项"对话框中选中"笔划排序"单选按钮，如下图所示。

步骤 05 完成排序操作。依次单击"确定"按钮，即可完成自定义排序，此时I列数据以升序显示，而K列中相对应的数据以降序显示，结果如下图所示。

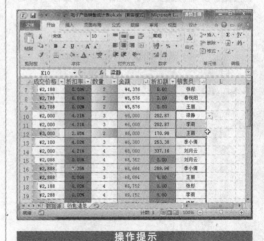

操作提示

排序和筛选的相互作用

在实际应用过程中，排序和筛选是相辅相成的。一般来说，先筛选好需要的数据行，再进行排序操作。如果有需要，可以进行二轮的筛选及排序。

7.1.4 对表格数据进行筛选

在Excel中，用户可使用筛选功能，对表格中的有效数据进行筛选。下面介绍数据筛选的操作方法。

1 自动筛选"商品名称"数据

使用自动筛选功能，可在繁琐的表格中快速查找到所需数据，而其他无关数据将被隐藏。

步骤01 启动"筛选"功能。若当前表格首行单元格中未添加筛选按钮，可选择表格任意单元格，单击"排序和筛选"下拉按钮，在下拉列表中选择"筛选"选项，即可完成筛选按钮的添加操作，如下图所示。

步骤02 设置筛选参数。单击"商品名称"筛选按钮，在筛选列表中，勾选所需商品名称对应的复选框，如下图所示。

高手妙招

📌 **重新筛选数据**

完成筛选操作后，如需重新进行其他数据的筛选，只需在功能区中，再次单击"筛选"按钮，即可恢复表格数据。

步骤03 完成自动筛选。单击"确定"按钮，完成自动筛选操作。此时，未被选中的商品名称数据已被隐藏，如下图所示。

2 按条件筛选"金额"数据

在Excel中，除了自动筛选功能外，还可根据所需条件进行自定义筛选。

步骤01 选择筛选条件。选中I2单元格，单击筛选按钮，选择"数字筛选>大于或等于"选项，如下图所示。

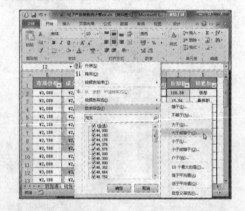

步骤02 设置筛选参数。在"自定义自动筛选方式"对话框中，设置筛选条件，如下图所示。

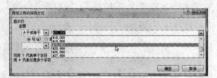

步骤03 完成设置。单击"确定"按钮，此时在"金额"数据列中，所有大于等于¥20,000的数据已被筛选出来，而其他数据则被隐藏。

7.2 制作电器销售分析表

数据分类汇总，顾名思义就是按照某数据类别，分别汇总数量，把所有数据根据要求条件进行汇总。而汇总的条件有计数、求和、最大最小以及方差等。下面将以制作电器销售分析表为例，介绍Excel分类汇总的操作方法。

7.2.1 销售表的排序

销售表是企业运营状态以及发展规划最直接的数据来源，一直受到企业的重视。在制作数据表的同时，可以使用多种方法来查询和整合数据，作为重要的参考资料。

1 按照销售总价进行排序

总价往往是最重要的数据资料。下面将介绍销售表的排序操作。

步骤01 创建表。打开"电器销售表.xlsx"素材文件，单击"插入"选项卡中的"表格"按钮，打开"创建表"对话框，然后单击"数据源"按钮，如下图所示。

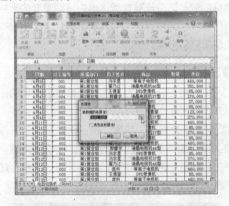

步骤02 选择数据源。在工作表中，选择A1:H63单元格区域，如下图所示。

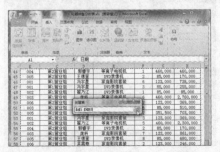

步骤03 设置参数。在"创建表"对话框中，勾选"表包含标题"复选框，单击"确定"按钮，如下图所示。

步骤04 选择排序类型。此时在首行单元格中已添加筛选按钮。单击"金额"筛选按钮，选择"降序"选项，如下图所示。

步骤05 查看效果。此时，表格中的"金额"列数据从高到低进行排列，如下图所示。

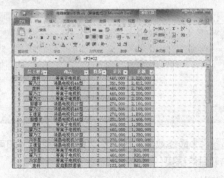

2 按照产品对销售数量进行排序

下面将介绍如何对销售数据进行排序操作。

步骤 01 选择自定义排序选项。在工作表中,单击"排序和筛选"下拉按钮,选择"自定义排序"选项,如下图所示。

步骤 02 配置选项。在"排序"对话框中,设置"主要关键字"设为"商品"、"排序依据"为"数值"、"次序"为"升序",单击"添加条件"按钮,如下图所示。

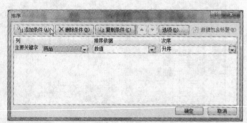

步骤 03 完成配置。将"主要关键字"设为"金额",将"排序依据"设为"数值",再将"次序"设为"降序",单击"确定"按钮,如下图所示。

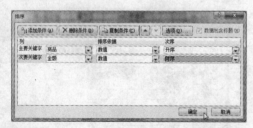

步骤 04 最终效果。排序参数设置完成后,即可查看排序结果,如下图所示。

7.2.2 销售表数据分类汇总

除了简单的排序功能外,Excel还提供了对数据的分类汇总计算功能。用户可对需要的数据进行计算,并按照用户的需求进行汇总,将准确的结果显示出来。

1 按日期汇总销售额

按日期汇总所有商品的销售额是最常用的汇总方式。下面介绍具体操作。

步骤 01 新建表格。新建"各日销售总额"工作表。输入相关表格数据。然后选中A2单元格,单击"数据"选项卡中的"合并计算"按钮,如下图所示。

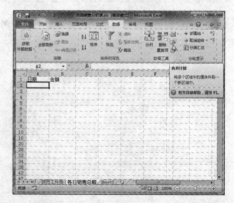

步骤 02 完成参数选项。在"合并计算"对话框中,将"函数"设为"求和",单击"引用位置"文本框右侧的选取按钮,选择"电器销售表"的所有数据,然后勾选"最左列"复选框,单击"确定"按钮,如下图所示。

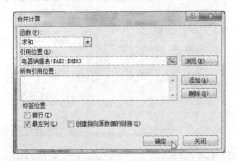

步骤 03 选择数据。在汇总结果中,选择"日期"数据列,单击鼠标右键,执行"设置单元格格式"命令,如下图所示。

步骤 04 设置数字格式。在"设置单元格格式"对话框中,选择"日期"分类中所需的类型,单击"确定"按钮,如下图所示。

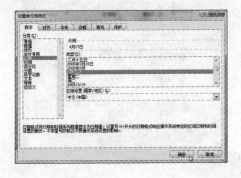

步骤 05 查看效果。适当调整单元格大小,删除多余的数据列,然后全选表格,将"日期"数据列进行排序,如下图所示。

操作提示

动态的数据汇总
汇总得出的数据是静态的,即不随原表的数据变化而变化。如果想实时动态地对数据进行汇总操作,需要在"合并计算"对话框中,勾选"创建指向源数据的链接"复选框,从而将新表中的数据变为动态。

2 按员工进行数据分类汇总

应用分类汇总可快速对用户需要的关键字进行汇总计算,比表格中的排列和计算更加直观,下面介绍具体操作方法。

步骤 01 选择相关命令。在"电器销售表"工作表标签上单击鼠标右键,在快捷菜单中执行"移动或复制"命令,如下图所示。

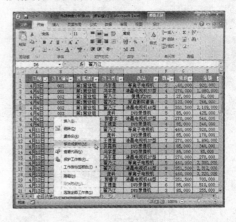

步骤 02 选择参数。在"移动或复制工作表"对话框中，选择"各日销售总额"选项，并勾选"建立副本"复选框，单击"确定"按钮，如下图所示。

步骤 03 转化区域。将新工作表命名为"按员工分类"。全选表格，单击"表格工具—设计"选项卡中的"转换为区域"按钮，如下图所示。

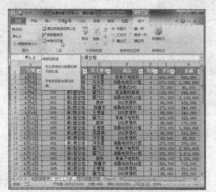

步骤 04 选择排序。在打开的对话框中，单击"是"按钮，选择"员工姓名"列任意单元格，然后单击"排序和筛选"按钮，选择"升序"选项，如下图所示。

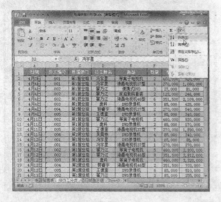

步骤 05 启动分类汇总。完成排序后，单击"数据"选项卡中的"分类汇总"按钮，如下图所示。

步骤 06 选择选项。在"分类汇总"对话框中，设置"分类字段"为"员工姓名"、"汇总方式"为"求和"、"选定汇总项"为"金额"选项，单击"确定"按钮，如下图所示。

步骤 07 查看效果。此时，系统将自动对员工姓名进行汇总，并计算出员工销售总金额数值，结果如下图所示。

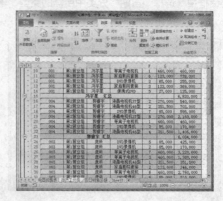

3 按照日期计算平均值

除了计算总的销量外，Excel还可以按用户要求计算出平均值。

步骤01 创建表。新建"按日期分类"工作表，复制"电器销售表"工作表数据，将其粘贴至新工作表中。

步骤02 转换单元格区域。将复制后的数据转换成普通区域，将"日期"数据列进行升序排列，然后单击"分类汇总"按钮，如下图所示。

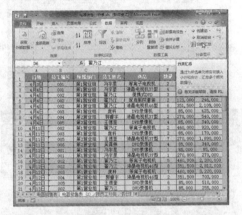

步骤03 设置参数。在"分类汇总"对话框中，将"汇总方式"设置为"平均值"，单击"确定"按钮，如下图所示。

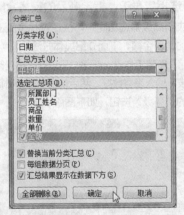

操作提示

快速查看汇总数据

在"分类汇总"的完成界面中，左上角有1、2、3三个按钮，分别对应"总计平均值"、"每日平均值"和"所有数据"，范围从大到小。用户可以根据实际需要，直接单击对应的按钮来快速查看。

步骤04 查看设置结果。设置完成后，系统将以"日期"进行汇总，如下图所示。

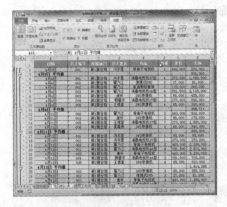

4 按部门及商品进行分类汇总

有时，不仅仅要对某一分类进行汇总，也有可能对两个或两个以上的分类进行汇总。下面将介绍具体操作方法。

步骤01 新建工作表。新建"按部门商品分类"工作表，单击"排序和筛选"下拉按钮，选择"自定义排序"选项，如下图所示。

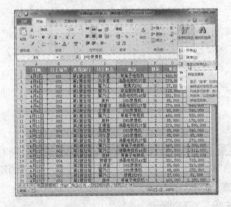

步骤02 设置参数。在"排序"对话框中，将"主要关键字"设置为"所属部门"，单击"添加条件"按钮，将"次要关键字"设置为"商品"。然后单击"确定"按钮，如下图所示。

步骤 03 对部门分类汇总。在"数据"选项卡的"分级显示"组中，单击"分类汇总"按钮，如下图所示。

步骤 04 设置具体参数。在"分类汇总"对话框中，将"分类字段"设为"所属部门"，将"选定汇总项"设为"金额"，单击"确定"按钮，如下图所示。

步骤 05 再次分类汇总命令。再次单击"分类汇总"按钮，将"分类字段"设为"商品"，取消勾选"替换当前分类汇总"复选框，单击"确定"按钮，如下图所示。

步骤 06 查看设置结果。单击工作表左上角的"3"按钮，用户可更加直观地看到分类汇总的结果，结果如下图所示。

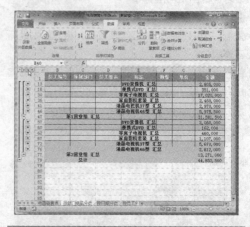

高手妙招

取消分类汇总的操作

只需在"分类汇总"对话框中，单击"全部删除"按钮，即可将已经完成的所有分类汇总删除掉。

7.2.3 销售表的筛选

在对数据进行排序及分类汇总外，Excel还能像数据库一样，将满足要求的数据提取出来。

1 筛选指定员工、指定商品的销售金额

应用高级筛选功能，可快速查找某员工或某商品的销售金额，下面介绍具体方法。

步骤 01 新建工作表。新建"员工产品销量筛选"工作表，输入表格数据，然后单击"排序和筛选"组中的"高级"按钮，如下图所示。

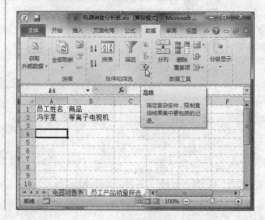

步骤 02 **配置参数。** 在"高级筛选"对话框中，选中"将筛选结果复制到其他位置"选项，再单击"列表区域"右侧选择按钮，如下图所示。

步骤 03 **选择列表区域。** 选择"电器销售表"中标题及所有数据，返回"高级筛选"对话框，单击"条件区域"右侧选择按钮，如下图所示。

步骤 04 **选择条件区域。** 在"员工产品销量筛选"工作表中选择手动输入的所有数据，再次单击框选按钮，如下图所示。

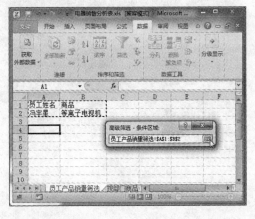

步骤 05 **选择复制位置。** 在"高级筛选"对话框中单击"复制到"右侧的选择按钮，在"员工产品销售筛选"表中选择A4单元格，如下图所示。

步骤 06 **检查设置。** 当表格中所有区域选择完成后，单击"确定"按钮，如下图所示。

步骤 07 **最终效果。** 完成上述操作后即可查看到筛选效果，如下图所示。

2 筛选总额最高的10项数据

需了解销售总额最高的10项数据，可直接通过快捷选项来进行筛选。下面介绍具体步骤。

步骤 01 开启筛选功能。打开分析表，如果标题栏没有添加筛选按钮，可以在"数据"选项卡的"排序和筛选"组中单击"筛选"按钮，如下图所示。

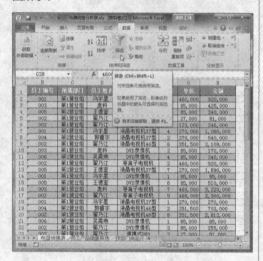

步骤 02 选择命令。单击"金额"单元格筛选按钮，选择"数字筛选>10个最大的值"选项，如下图所示。

步骤 03 配置参数。在"自动筛选前10个"对话框中，单击"确定"按钮，如下图所示。

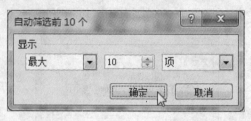

步骤 04 最终效果。设置完成后，系统将自动筛选出总金额的10个最大值，如下图所示。

使用Excel
对数据进行统计分析

图表是Excel表格中的一项重要功能。在面对一些复杂的表格数据时，用户可能无法及时读取数据之间的关系及趋势，若将这些数据以图表的形式显示，用户则可轻松地从图表中读取到相关数据信息。本章将介绍Excel图表的基本操作，包括图表的创建、图表格式的设置以及数据透视表/透视图的创建等操作。

8.1 制作电子产品销售图表

前一章已向用户介绍了如何对电子产品销售表进行排序和筛选操作，下面同样以该表格数据为例，介绍Excel图表的创建与编辑操作。相信通过对该实例的学习，用户可轻松制作出一张既准确又漂亮的图表来。

8.1.1 常用图表种类介绍

在Excel中，图表的类型有多种，常用的图表类型有柱形图、折线图、饼图、条形图、面积图及散点图。下面分别对其进行简单的介绍。

1 柱形图

柱形图是由一系列垂直条形图组成的，是图表中最常用的类型。该图表常用来比较一段时间内两个或多个项目的相对尺寸，如下图所示。

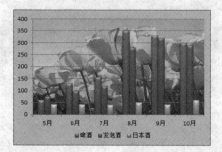

2 条形图

条形图由一系列水平条形图组成，使时间轴上的某一点、两个或多个项目的相对尺寸具有可比性，如下图所示。

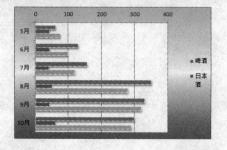

3 饼图

对比几个数据在其形成总和中所占的百分比值时，通常用饼图来表示。整个饼图代表总和，每个数据用一个楔形或薄片代表，如下图所示。

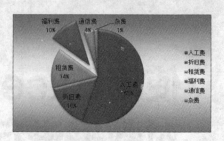

4 折线图

该类型图表常被用来显示数据在一段时间内的趋势。通过折线图可对将来做出数据预测。折线图一般在工程上应用较多，若其中一个数据有多种情况，折线图里可以有几条不同的折线，如下图所示。

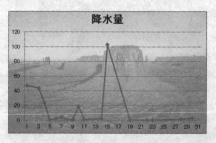

5 面积图

面积图用于显示一段时间内变动的幅度值。当有几个部分正在变动，而用户对那些部分的总和感兴趣时，多用面积图来表示。在面积图中，既可看到单独各部分的变动，也可看到总体的变化，如下图所示。

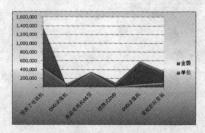

6 XY散点图

XY散点图用来展示成对的数和它们所代表的趋势之间的关系。对于每一对数对，一个数被绘制在X轴上，而另一个被绘制在Y轴上。过两点作轴垂线，在相交处有一个标记。散点图主要用来绘制函数曲线，所以在教学、科学计算中会经常运用到，如下图所示。

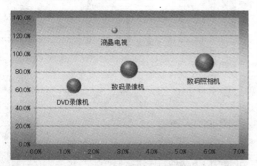

8.1.2 创建销售图表

了解图表种类后，下面介绍电子产品销售图表的创建操作。

1 创建销售金额统计图表

下面介绍创建销售全额统计图表的方法。

步骤01 插入工作表。打开"电子产品销售统计表.xlsx"文件，单击"插入工作表"按钮，插入新工作表，并对其重命名，如下图所示。

17	
18	
19	
20	
21	
22	

数据源　销售清单　创建图表

就绪

操作提示

调整图表大小

选中图表，将光标移至图表任意控制点上，当光标呈双向箭头时，按住鼠标左键并拖曳至满意位置，释放鼠标即可完成对图表大小的调整操作。

步骤02 隐藏数据。在"销售清单"工作表中，选择B~H列单元格区域，单击鼠标右键，执行"隐藏"命令，对其数据进行隐藏，如下图所示。

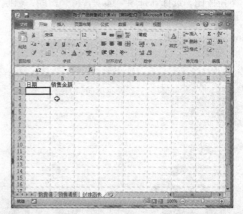

步骤03 输入表格内容。在"创建图表"工作表中，输入表格内容，如下图所示。

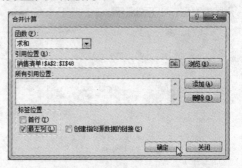

步骤04 合并汇总数据。在"创建图表"工作表中，选择A2单元格，在"数据"选项卡中单击"合并计算"按钮，打开相应对话框，对其参数进行设置，如下图所示。

步骤 05 **创建图表数据文件。**在"创建图表"工作表中，删除多余数据列，设置好"日期"数据格式，结果如下图所示。

步骤 06 **数据排序。**在"创建图表"工作表中，选中A2:A22单元格区域，单击"排序和筛选"下拉按钮，选择"升序"选项，将"日期"数据升序排列，如下图所示。

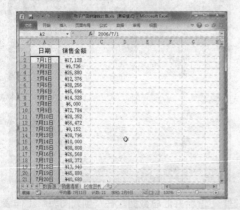

步骤 07 **选择图表类型。**选中A1:B11单元格区域，在"插入"选项卡的"图表"组中，单击"柱形图"下拉按钮，并在下拉列表中选择所需的柱形图表类型，如下图所示。

步骤 08 **创建图表。**选择完成后，即可完成图表的创建操作，如下图所示。

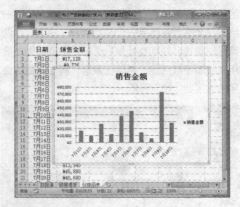

2 添加图表数据

若想在创建好的图表中，添加新数据系列，可通过以下两种方法进行操作。

步骤 01 **启动"选择数据"功能。**选中所需图表，在"图表工具—设计"选项卡的"数据"组中，单击"选择数据"按钮，如下图所示。

步骤 02 **设置数据参数。**在"选择数据源"对话框中，单击"图表数据区域"右侧选取按钮，在"创建图表"工作表中，选择A1:B14单元格区域，如下图所示。

将图表移至其他工作表

选中所需图表，在"图表工具—设计"选项卡的"位置"组中，单击"移动图表"按钮，在"移动图表"对话框的"对象位于"下拉列表中选择所需工作表名称，单击"确定"按钮即可完成操作。

步骤 03 **完成添加操作。** 数据选择完成后，单击"确定"按钮，即可完成数据添加操作，如下图所示。

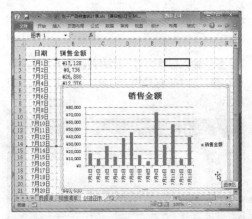

除了以上方法外，还可使用复制粘贴功能进行添加，方法如下。

步骤 01 **复制要添加的数据。** 在"创建图表"工作表中，选择A12:B15单元格区域，单击鼠标右键，执行"复制"命令，如下图所示。

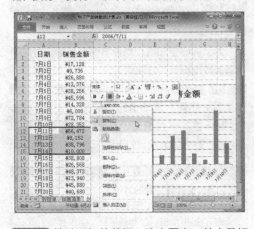

步骤 02 **粘贴添加的数据。** 选中图表，单击鼠标右键，执行"粘贴"命令，即可完成添加操作，如下图所示。

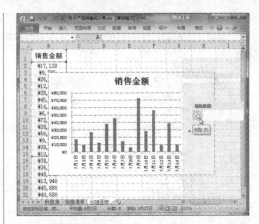

❸ 更改图表类型

若对创建好的图表类型不满意，可使用"更改图表类型"功能，方法如下。

步骤 01 **选择相关功能。** 选中图表，在"图表工具—设计"选项卡的"类型"组中，单击"更改图表类型"按钮，如下图所示。

步骤 02 **选择新图表类型。** 在"更改图表类型"对话框中，选择新图表类型，如下图所示。

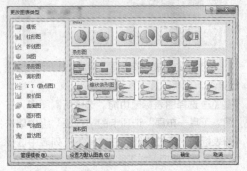

步骤 03 完成更改操作。选择完成后，单击"确定"按钮，即可完成图表类型的更改操作，如下图所示。

8.1.3 调整图表布局

图表创建完成后，用户可对该图表的布局进行适当的调整，例如添加图表标题、数据标签、数据趋势线等。

1 添加图表标题

默认情况下，图表标题以图例名称显示，可对该标题进行修改，方法如下。

若创建图表已添加标题，只需选中该图表标题内容，输入新标题，再单击图表任意空白处，即可完成修改，如下图所示。

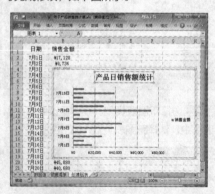

若创建的图表没有标题，可通过以下方法进行操作。

步骤 01 选择图表标题功能。选中所需图表，在"图表工具—布局"选项卡的"标签"组中单击"图表标题"下拉按钮，并在其下拉列表中选择"图表上方"选项，如下图所示。

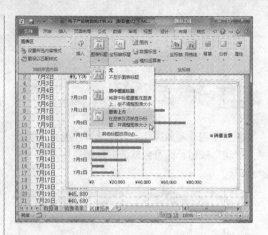

步骤 02 输入标题内容。此时在图表上方显示默认标题，选中该标题内容将其修改即可，如下图所示。

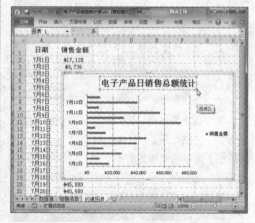

2 添加数据标签

为了能够更加直观地查看图表数据，可对图表添加数据标签，方法如下。

步骤 01 启动数据标签选项。选中图表，在"图表工具—布局"选项卡的"标签"组中，单击"数据标签"下拉按钮，在其下拉列表中选择"数据标签外"选项，如下图所示。

操作提示

添加坐标轴标题的方法

选中图表，在"图表工具—布局"选项卡的"标签"组中单击"坐标轴标题"下拉按钮，并在其下拉列表中选择"主要横/纵坐标轴标题"选项，再在打开的级联列表中，选择相应的标题位置，最后输入坐标轴标题内容即可。

步骤 02 完成添加操作。 选择后，即可完成数据标签的添加操作，结果如下图所示。

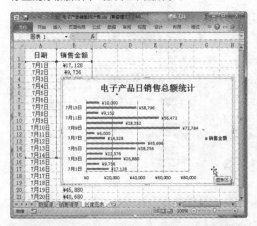

操作提示

在图表中插入图片

若想在图表中添加产品图片，可选中该图表，在"图表工具—布局"选项卡的"插入"组中单击"图片"按钮，然后在打开的"插入图片"对话框中选择所需图片并单击"插入"按钮，即可完成图片的插入。插入图片后，还可调整图片大小和位置。

3 设置图表坐标轴

在Excel图表中，用户可对其横/纵坐标轴的显示样式进行设置方法如下。

步骤 01 隐藏横坐标轴。 选中图表，在"图表工具—布局"选项卡的"坐标轴"组中，单击"坐标轴"下拉按钮，选择"主要横坐标轴>无"选项，如下图所示。

步骤 02 完成隐藏设置。 选择完成后，该图表横坐标轴即被隐藏，如下图所示。

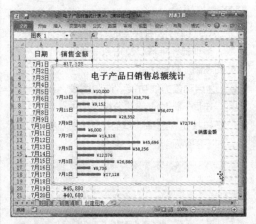

步骤 03 选择网格线。 在"坐标轴"组中，单击"网格线"下拉按钮，选择"主要纵网格线>主要网格线和次要网格线"选项，如下图所示。

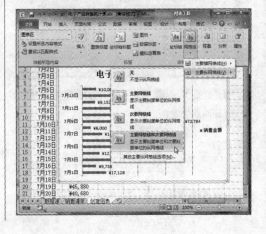

步骤 04 显示网格线。选择完成后，在该图表中已显示了主要和次要网格线，如下图所示。

4 添加趋势线

Excel提供了多种类型的趋势线，例如线性、对数、多项式、乘幂以及指数等类型，下面将对当前图表添加趋势线。

步骤 01 启动趋势线功能。选中图表，在"图表工具—布局"选项卡的"分析"组中，单击"分析"下拉按钮，选择"趋势线>线性趋势线"选项，如下图所示。

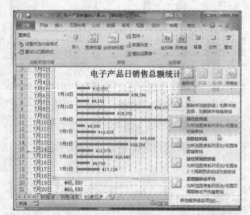

高手妙招

删除趋势线

在图表中，若想删除趋势线，可在"趋势线"下拉列表中，选择"无"选项。当然也可在图表中选中所需趋势线，按Delete键直接删除。

步骤 02 完成添加操作。选择后，在当前图表中即显示添加的趋势线，如下图所示。

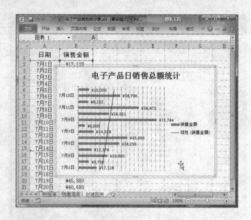

步骤 03 设置趋势线格式。在图表中，选中添加的趋势线，单击鼠标右键，执行"设置趋势线格式"命令，如下图所示。

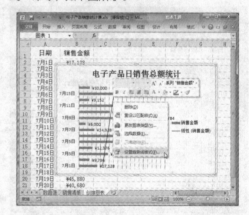

步骤 04 更改趋势线名称。在"设置趋势线格式"对话框中，选择"趋势线选项"选项，并在其选项面板中选中"自定义"单选按钮，并输入名称内容，如下图所示。

步骤 05 完成名称更改。单击"关闭"按钮，关闭对话框，此时图表趋势线名称已发生相应变化，如下图所示。

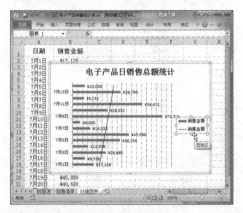

8.1.4 美化图表

创建图表完成后，为了增加其阅读性，可适当对图表进行美化操作。下面介绍如何对图表外观格式进行设置。

1 设置图表标题格式

图表标题格式是可以根据需要设置的，方法如下。

步骤 01 选择"字体"选项。选择图表中的标题文本，单击鼠标右键，执行"字体"命令，如下图所示。

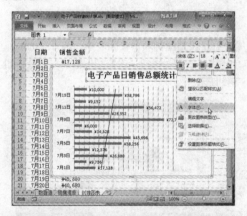

高手妙招

使用悬浮框设置标题文本格式

选中标题文本，单击鼠标右键，此时在悬浮框中即可对文本格式进行设置。

步骤 02 设置字体格式。在"字体"对话框中，对标题内容的字体、字形、字号及颜色进行设置，如下图所示。

步骤 03 右击选择相关命令。选中图表标题，单击鼠标右键，执行"设置图表标题格式"命令，如下图所示。

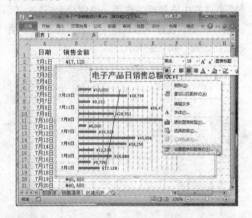

步骤 04 设置文本框填充选项。在"设置图表标题格式"对话框的"填充"选项面板中，对填充颜色进行设置，如下图所示。

步骤 05 完成设置。设置完成后，单击"关闭"按钮，关闭对话框，完成标题文本框的填充操作，结果如下图所示。

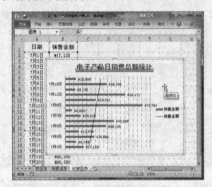

2 设置坐标轴及图例项文本

图表中坐标轴文本格式设置如下。

步骤 01 右击选择相关选项。选中纵坐标轴，单击鼠标右键，在悬浮格式框中对其坐标轴文本格式进行设置，如下图所示。

步骤 02 设置坐标轴文本框。选中纵坐标轴，单击鼠标右键，执行"设置坐标轴格式"命令，打开相应对话框，如下图所示。

步骤 03 设置填充项。选择"填充"选项，并在右侧选项面板中设置填充颜色，如下图所示。

步骤 04 查看效果。单击"关闭"按钮，关闭对话框。此时坐标轴内容已发生变化，如下图所示。

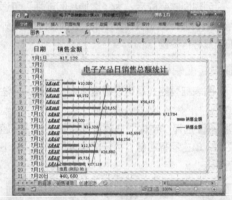

步骤 05 设置图例项。在图表中，选择图例项，单击鼠标右键，执行"设置图例格式"命令，如下图所示。

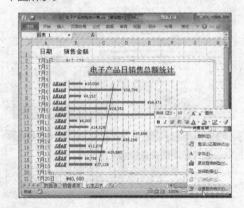

步骤 06 设置图例项位置。在"设置图例格式"对话框中，选择"图例选项"选项，并在右侧选项面板中，设置"图例位置"为"靠上"，如下图所示。

步骤 07 完成设置。设置完成后，即可调整图例项位置，结果如下图所示。

❸ 设置数据系列及图表背景格式

用户也可对图表中的数据系列及图表背景格式进行设置，其方法如下。

步骤 01 选择数据系列样式。在图表中，选中数据系列，在"图表工具—格式"选项卡的"形状样式"组中，单击下拉按钮，选择所需的样式，如下图所示。

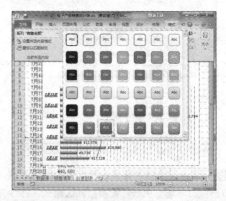

步骤 02 选择相关命令。选中图表区，单击鼠标右键，执行"设置图表区域格式"命令，如下图所示，打开相应对话框。

步骤 03 选择图片。选择"填充"选项，在右侧选项面板中，选择"图片或纹理填充"选项，然后单击"文件"按钮，在打开的对话框中，选择背景图片，如下图所示。

步骤 04 完成图表区背景设置。单击"插入"按钮，完成图表区域背景的设置，如下图所示。

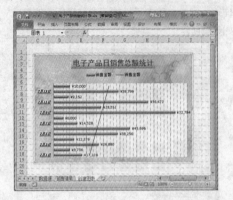

步骤 05 设置绘图区背景设置。选中绘图区域，单击鼠标右键，执行"设置绘图区格式"命令，打开相应对话框，设置填充选项，结果如下图所示。

步骤 06 查看效果。选择完成后，绘图区背景已发生相应变化，如下图所示。

步骤 07 设置图表边框。选中图表，打开"设置图表区格式"对话框，选择"边框样式"选项，并在右侧选项面板中勾选"圆角"选项，如下图所示。

步骤 08 设置图表三维格式。在"设置图表区格式"对话框中，选择"三维格式"选项，根据需要对参数进行设置，如下图所示。

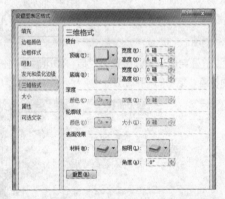

步骤 09 设置阴影。在该对话框中，选择"阴影"选项，并在右侧选项面板中对阴影参数进行设置，设置完成后，关闭对话框，完成图表外观格式的设置，结果如下图所示。

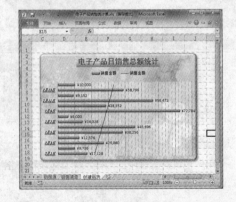

8.2 制作电子产品销售透视表/透视图

数据透视表是一种可快速汇总大量数据的交互方式。数据透视表可深入分析数值数据，并回答一些预料之外的数据问题。数据透视图则是透视表的一种表达方式，其制作方法与图表类似。下面同样以电子产品销售表格为例，介绍透视表和透视图的创建操作。

8.2.1 创建产品销售透视表

打开"电子产品销售统计表.xlsx"素材文件，单击"数据透视表"按钮，创建透视表，具体操作如下。

步骤 01 启动透视表功能。选中表格任意单元格，在"插入"选项卡的"表格"组中，单击"数据透视表"下拉按钮，如下图所示。

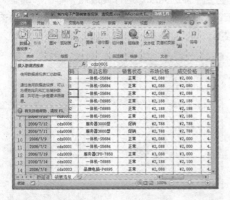

步骤 02 设置数据参数。在"创建数据透视表"对话框中，单击"表/区域"右侧选取按钮，选择框选表格所有数据，然后在"选择放置数据透视表的位置"选项组中，单击"新工作表"单选按钮，如下图所示。

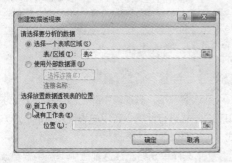

步骤 03 重命名工作表。双击插入的工作表标签，将该表重命名，结果如下图所示。

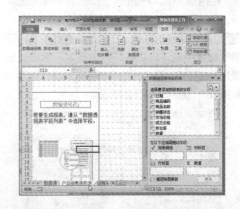

步骤 04 移动工作表。选中新建的工作表标签，按住鼠标左键不放，拖曳标签至新位置，释放鼠标即可完成工作表的移动操作，如下图所示。

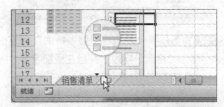

步骤 05 选择数据字段。在表格右侧"数据透视表字段列表"窗格的"选择要添加到报表的字段"列表框中，勾选要显示数据的复选框，此时被选中的字段已添加到透视表中，如下图所示。

8.2.2　处理透视表数据信息

透视表数据的处理操作包括筛选字段、更改字段、更改字段的数字格式、对字段数据进行排序以及数据分组等，下面介绍具体方法。

1 按"日期"字段筛选数据

在透视表中，若想按"日期"字段来筛选数据，可进行以下操作。

步骤01 选择移动方式。 在"数据透视表字段列表"窗格中的"行标签"列表框中，单击"日期"下拉按钮，在弹出的列表中，选择"移动到报表筛选"选项，如下图所示。

步骤02 查看结果。 此时在"报表筛选"列表框中，可显示"日期"字段，并且在透视表中，所有"日期"数据已添加到页字段，如下图所示。

步骤03 选择筛选日期。 在透视表中，单击"日期"筛选器，在下拉列表中选择所需日期，如下图所示。

步骤04 筛选完成。 选择完成后，单击"确定"按钮，此时在透视表中已显示了被选日期的相关数据，而其他数据被隐藏，如下图所示。

2 更改"金额"汇总类型

默认情况下，透视表中的汇总字段会按照求和汇总方式进行计算。若用户想使用其他汇总方式，可按照以下方法更改。

步骤01 选择单元格。 在透视表中，选中要更改汇总字段的单元格，这里选择C4单元格，如下图所示。

步骤 02 选择汇总类型。在"数据透视表工具—选项"选项卡的"计算"组中,单击"按值汇总"下拉按钮,在下拉列表中,选择汇总类型,这里选择"最大值"选项,如下图所示。

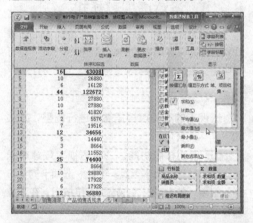

步骤 03 查看结果。选择完成后,被选的汇总字段及汇总数据已发生变化,如下图所示。

步骤 04 设置值显示方式。同样选中C4单元格,在"选项"选项卡的"计算"组中,单击"值显示方式"下拉按钮,并在其下拉列表中选择合适的显示方式,即可更改数值显示,如下图所示。

3 对"金额"数据进行排序

在数据透视表中,用户也可根据需要对表中的数据进行排序操作,方法如下。

步骤 01 启动排序功能。选中C3单元格,在"数据透视表工具—选项"选项卡的"排序和筛选"组中,单击"排序"按钮,如下图所示。

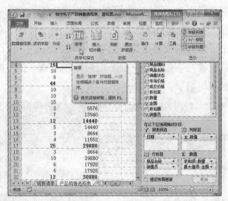

步骤 02 选择排序方式。在"按值排序"对话框中,根据需要单击"升序"单选按钮,并将"排序方向"设为"从上到下",如下图所示。

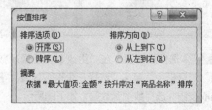

快速排序的操作

选中所需单元列任意单元格，单击鼠标右键，执行"排序"命令，并在其级联菜单中，选择"升序"或"降序"选项，同样可进行排序操作。

步骤03 完成排序。单击"确定"按钮，此时透视表中的"金额"数据升序显示，如下图所示。

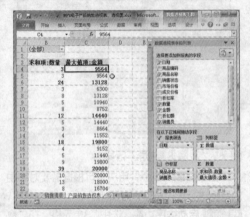

4 更改数据源

透视表创建完成后，若要对数据源文件的数据进行更改，可按以下方法进行操作。

步骤01 启动更改数据源命令。在透视表中，单击"数据透视表工具—选项"选项卡中的"更改数据源"下拉按钮，在下拉列表中选择"更改数据源"选项，如下图所示。

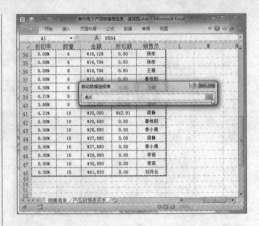

步骤02 选择数据源。在"更改数据透视表数据源"对话框中，单击"选择一个表或区域"下的选取按钮，选择数据源数据，如下图所示。

步骤03 完成设置。选择完成后，再次单击选取按钮，在返回的对话框中，单击"确定"按钮，即可完成更改操作。

8.2.3 设置透视表样式

创建数据透视表后，为了使透视表更为美观，可以为其套用内置的数据透视表样式，也可以自定义数据透视表样式。

1 更改透视表布局

透视表的布局可根据需要进行调整，方法如下。

步骤01 启动布局功能。选中透视表任意单元格，在"数据透视表工具—设计"选项卡的"布局"组中，单击"报表布局"下拉按钮，在下拉列表中选择所需的布局，如下图所示。

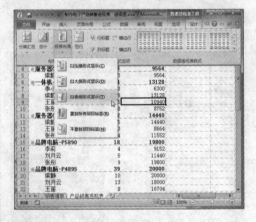

步骤02 查看布局更改效果。选择完成后，透视表的布局即发生了变化，如下图所示。

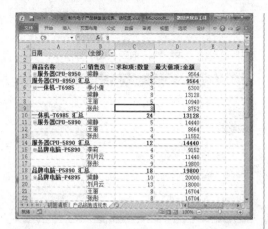

2 使用内置透视表样式

系统提供了多种数据透视表样式，用户只需在数据透视表样式库选择样式即可，操作如下。

步骤01 选择透视表样式。 选中透视表任意单元格，在"数据透视表工具—设计"选项卡的"数据透视表样式"组中，选择所需的透视表样式，如下图所示。

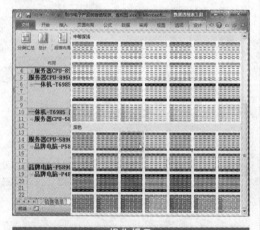

操作提示

清除透视表样式

若想删除透视表样式，可在"数据透视表工具—设计"选项卡的"数据透视表样式"组中单击样式下拉按钮，然后在样式库中选择"清除"选项。

步骤02 查看结果。 选择完成后，透视表样式已发生了变化，结果如下图所示。

3 自定义透视表样式

若透视表样式库中的样式满足不了用户，用户可自行定义透视表样式，操作如下。

步骤01 选择命令。 在数据透视表样式库下拉列表中，选择"新建数据透视表样式"选项，如下图所示。

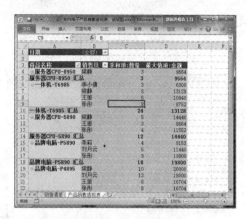

步骤02 选择表元素。 在"新建数据透视表快速样式"对话框的"名称"文本框中，输入样式名称，再在"表元素"列表框中选择要设置的透视表元素，如下图所示。

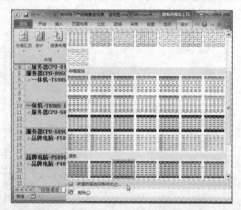

步骤 03 设置标题行底纹。单击"格式"按钮，在"设置单元格格式"对话框中，切换至"填充"选项卡，选择标题行底纹颜色，如下图所示。

步骤 04 设置标题行字体。切换至"字体"选项卡，对标题行的字体格式进行设置，如下图所示。

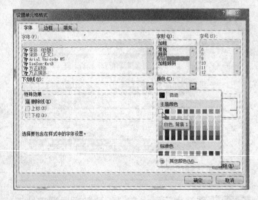

步骤 05 选择总计行元素。单击"确定"按钮，返回上一层对话框，在"表元素"列表框中，选择"总计行"选项，如下图所示。

步骤 06 设置总计行格式。打开"设置单元格格式"对话框，对其底纹颜色及字体格式进行设置，设置格式与标题行相同，如下图所示。

步骤 07 设置整个表底纹。在"表元素"列表中，选择"整个表"选项，打开"设置单元格格式"对话框，切换至"填充"选项卡，对其颜色进行设置，如下图所示。

步骤 08 设置整个表字体格式。切换至"字体"选项卡，对整个表文本的字体格式进行设置，如下图所示。

步骤 09 设置整个表边框样式。切换至"边框"选项卡，选择好表格边框样式，如下图所示。

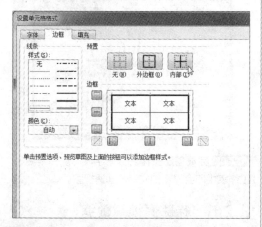

步骤 10 预览透视表样式。设置完成后，单击"确定"按钮，返回上一层对话框，在此可预览设置的表样式，如下图所示。

步骤 11 应用自定义样式。单击"确定"按钮关闭对话框。此时单击透视表样式下拉按钮，在样式库中，选择刚才自定义的样式，如下图所示。

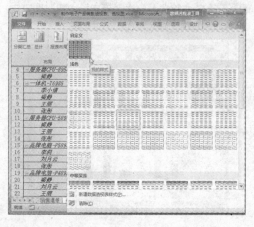

步骤 12 查看结果。选择完成后，该透视表已应用了自定义样式，如下图所示。

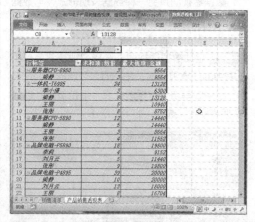

步骤 13 修改自定义透视表样式。在数据透视表样式库中自定义的表样式选项上单击鼠标右键，执行"修改"命令，如下图所示。

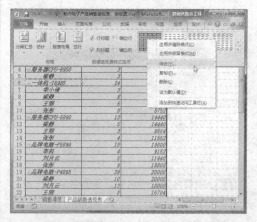

步骤 14 修改样式元素。在"修改数据透视表快速样式"对话框的"表元素"列表框中，选择所需修改的表元素，并单击"格式"按钮，进行修改操作，如下图所示。

8.2.4 创建产品销售透视图

数据透视图是另一种数据表现形式，与数据透视表不同的是，它利用适当的图表和多种色彩来描述数据的特性。

步骤 01 启动数据透视图。选择"销售清单"工作表中的任意单元格，在"插入"选项卡的"表格"组中，单击"数据透视表"下拉按钮，选择"数据透视图"选项，如下图所示。

步骤 02 选择数据。在"创建数据透视表及数据透视图"对话框中，设置"表/区域"为"销售清单"工作表所有数据，然后选中"新工作表"单选按钮，单击"确定"按钮，如下图所示。

步骤 03 重命名工作表名称。重命名新工作表，并将其移动至所需的位置，如下图所示。

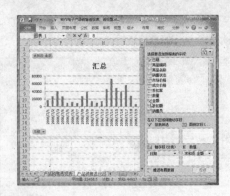

操作提示

美化透视图

数据透视图的美化方法与图表美化的方法类似，用户只需在"数据透视图工具"选项卡中，根据要求设置即可。

步骤 04 选择要添加的数据字段。在"数据透视表字段列表"窗格中，勾选要添加的数据字段所对应的复选框，如下图所示。

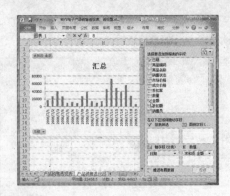

步骤 05 完成创建操作。数据字段添加完毕后，工作表中即会显示相应的数据透视图。

8.2.5 筛选透视图数据

与数据透视表一样，在数据透视图中也可以进行筛选操作，操作方法如下。

步骤 01 选择筛选条件。在透视图中，单击要筛选的字段，在其列表中，选择筛选条件，如下图所示。

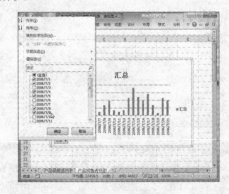

步骤 02 完成筛选。单击"确定"按钮，即可完成透视图数据的筛选操作，如下图所示。

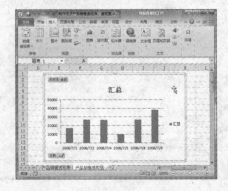

综合案例 | 分析员工工资数据

前几章向用户简单介绍了Excel 2010的基本操作，包括数据输入、数据计算、数据图表以及数据透视表/透视图的创建等。下面以员工工资表为例，综合运用Excel相关功能，进行表格创建以及数据分析操作。

1 输入表格数据

启动Excel 2010，在新建的空白文档中根据需要输入表格数据。

步骤 01 重命名工作表。在新建的文档中，双击工作表标签对其进行重命名操作，如下图所示。

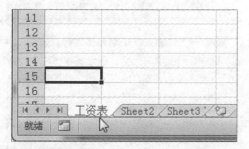

步骤 02 输入首行数据内容。选中A1单元格，输入单元格内容，然后按照同样的方法，输入首行内容，如下图所示。

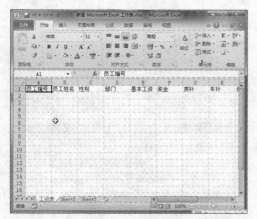

步骤 03 调整列宽。将光标移至L列的分割线上，当光标呈双向箭头显示时，按住鼠标左键并向右拖曳分割线至满意位置，释放鼠标完成对L列列宽的调整操作。按照同样的方法，调整M列列宽，如下图所示。

步骤 04 输入员工编号。选中A2和A3单元格，输入员工编号内容，如下图所示。

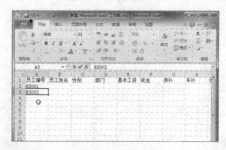

步骤 05 填充员工编号。选中A2:A3单元格区域，并选中单元格右下角填充手柄，按住鼠标左键不放，向下拖曳该手柄至A24单元格处，释放鼠标左键，完成员工编号填充操作，如下图所示。

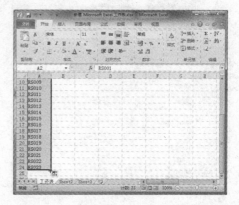

步骤 06 输入员工姓名。在B2~B24单元格中输入员工姓名，如下图所示。

步骤 07 设置数据有效性。选中D2:D24单元格区域，单击"数据有效性"按钮，打开相应对话框。将"允许"设为"序列"，在"来源"文本框中输入相关数据，如下图所示。

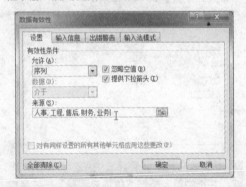

步骤 08 输入有效数据。单击"确定"按钮，关闭对话框，单击C2单元格下拉按钮，在下拉列表中选择所需数据，如下图所示。

步骤 09 输入D列剩余数据。按照同样操作，完成D3~D24单元格数据的输入，如下图所示。

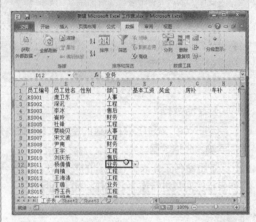

步骤 10 一次性输入多个单元格内容。按住Ctrl键，选中C列多个单元格，在公式编辑栏中输入"男"，然后按组合键Ctrl+Enter，快速输入被选单元格内容，如下图所示。

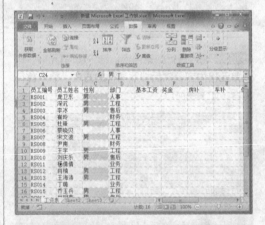

操作提示

快速定位单元格

在一些复杂的表格数据中，只需在表格左上角"名称框"中输入所需单元格名称即可快速定位。若需快速定位至某一特定的单元格区域，只需在"开始"选项卡的"编辑"组中单击"查找和选择"按钮，选择"定位条件"选项，然后在打开的对话框中选择相应的选项即可。

步骤 11 完成C列单元格内容。按照以上的方法，输入C列其他单元格内容，如下图所示。

步骤 12 插入空白列。选中E列，单击鼠标右键，执行"插入"命令，此时在E列左侧即可插入空白列，如下图所示。

步骤 13 输入插入列内容。在E1和E2单元格中输入员工入职时间相关内容，如下图所示。

步骤 14 更改数字格式。选中E2单元格，在"开始"选项卡中单击"数字格式"下拉按钮，选择"短日期"选项，如下图所示。

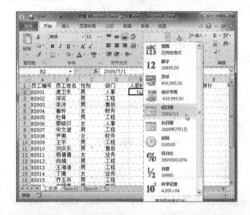

步骤 15 完成设置操作。选择后即可完成对E2单元格数字格式的设置。按照同样的方法，完成E列内容的输入，如下图所示。

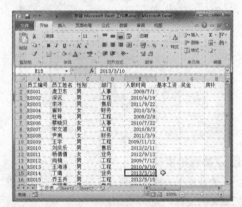

步骤 16 输入表格内容。选中表格其他单元格，并输入内容，如下图所示。

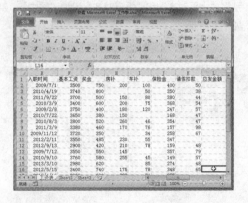

Chapter 8 使用Excel对数据进行统计分析

步骤 17 添加货币符号。选中输入好的F2:K24单元格区域，打开"设置单元格格式"选项对话框，在"数字"选项卡中，将"分类"设为"货币"，并将"小数位数"设为0，如下图所示。

步骤 18 查看效果。设置完成后，被选中的数据已添加了货币符号，如下图所示。

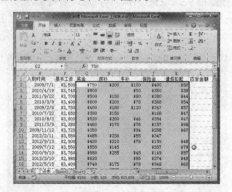

❷ 设置表格格式

大致输入表格内容后，可对表格外观样式进行简单的设置。

步骤 01 设置文本对齐方式。全选表格，打开"设置单元格格式"对话框，在"对齐"选项卡中，分别将"水平对齐"和"垂直对齐"设为"居中"，如下图所示。

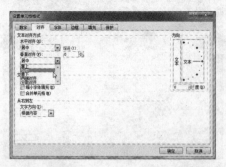

步骤 02 查看结果。单击"确定"按钮，完成对齐操作，此时表格文本的对齐方式已发生了变化，如下图所示。

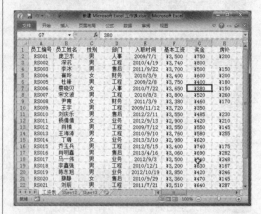

步骤 03 设置行高。全选表格，在"开始"选项卡的"格式"下拉列表中，选择"行高"选项，并在"行高"对话框中，输入行高值，如下图所示。

步骤 04 设置首行文本格式。选择首行文本内容，在"字体"组中，对文本的字体、字号以及字形进行设置，结果如下图所示。

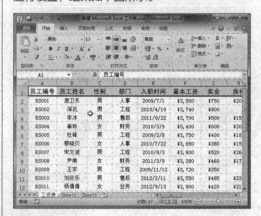

步骤 05 设置表格边框。全选表格，打开"设置单元格格式"对话框，在"边框"选项卡中，设置其边框线样式，如下图所示。

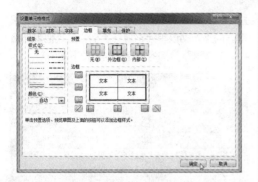

步骤 06 设置表格样式。选中表格任意单元格，单击"套用表格格式"下拉按钮，在格式列表中，选择满意的格式，如下图所示。

3 计算表格数据

下面将使用Excel相关的公式和函数来对表格中的数据进行计算。

步骤 01 计算应发金额数据。选中L单元格，输入公式"=F2+G2+H2+i2-J2-K2"，如下图所示。

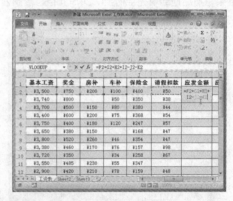

步骤 07 完成样式套用。在"套用表格式"对话框中，单击"确定"按钮，完成表格样式的套用操作，结果如下图所示。

步骤 02 完成计算。按Enter键，然后单击单元格填充手柄，将公式复制到该列其他单元格中，完成应发金额的计算，如下图所示。

步骤 08 转换为区域。在"表格工具—设计"选项卡中，单击"转换为区域"按钮，将表格转换为普通区域，如下图所示。

步骤 03 创建税率表。单击"Sheet2"工作表标签，新建工作表，并将其重命名，然后输入税率表格内容，结果如下图所示。

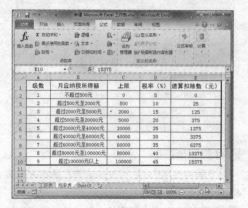

步骤 04 计算应纳税所得额。选中M2单元格，输入公式"=L2-2000"，按Enter键，得出计算结果，然后拖动填充手柄至M24单元格，复制公式，结果如下图所示。

步骤 05 输入计算个税率公式。选中N2单元格，输入公式"=IF(M2<=0,0,VLOOKUP(M2,税率表!$C$2:$E$10,2,TRUE))/100"，如下图所示。

步骤 06 得出结果。按Enter键，得出个税税率，向下拖动该单元格填充手柄，至其他单元格中，完成该列数据的填充，结果如下图所示。

步骤 07 计算速算扣除数。选中O2单元格，输入公式"=If(M2<=0,0,VLOOKUP(M2,税率表!$C$2:$E$10,3,TRUE))"，如下图所示。

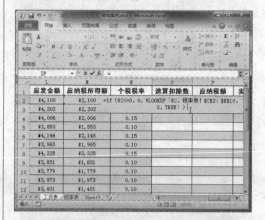

步骤 08 复制公式。按Enter键，得出计算结果，使用填充手柄，将该公式复制到该列其他单元格中，如下图所示。

步骤 09 的截图表格：

应发金额	应纳税所得额	个税税率	速算扣除数	应纳税额	实
¥4,100	¥2,100	0.15	125		
¥4,202	¥2,202	0.15	125		
¥4,006	¥2,006	0.15	125		
¥3,853	¥1,853	0.10	25		
¥4,146	¥2,146	0.15	125		
¥3,965	¥1,965	0.10	25		
¥4,225	¥2,225	0.15	125		
¥3,831	¥1,831	0.10	25		
¥3,779	¥1,779	0.10	25		
¥3,973	¥1,973	0.10	25		
¥3,401	¥1,401	0.10	25		

步骤 09 计算应纳税额。选中P2单元格，输入公式"=M2*N2-O2"，如下图所示。

步骤 10 复制公式。按Enter键得出结果。使用填充手柄复制该公式，如下图所示。

应发金额	应纳税所得额	个税税率	速算扣除数	应纳税额	实
¥4,100	¥2,100	0.15	125	¥190.00	
¥4,202	¥2,202	0.15	125	¥205.30	
¥4,006	¥2,006	0.15	125	¥175.90	
¥3,853	¥1,853	0.10	25	¥160.30	
¥4,146	¥2,146	0.15	125	¥196.90	
¥3,965	¥1,965	0.10	25	¥171.50	
¥4,225	¥2,225	0.15	125	¥208.75	
¥3,831	¥1,831	0.10	25	¥158.10	
¥3,779	¥1,779	0.10	25	¥152.90	
¥3,973	¥1,973	0.10	25	¥172.30	
¥3,401	¥1,401	0.10	25	¥115.10	

高手妙招

隐藏工作表

选中所需隐藏的工作表标签，单击鼠标右键，在打开的快捷菜单中，执行"隐藏"命令即可隐藏当前工作表。

步骤 11 计算实发金额。选中Q2单元格，输入公式"=L2-P2"，按Enter键，得出结果，如下图所示。

应纳税所得额	个税税率	速算扣除数	应纳税额	实发金额
¥2,100	0.15	125	¥190.00	¥3,910.00
¥2,202	0.15	125	¥205.30	
¥2,006	0.15	125	¥175.90	
¥1,853	0.10	25	¥160.30	
¥2,146	0.15	125	¥196.90	
¥1,965	0.10	25	¥171.50	
¥2,225	0.15	125	¥208.75	
¥1,831	0.10	25	¥158.10	
¥1,779	0.10	25	¥152.90	
¥1,973	0.10	25	¥172.30	
¥1,401	0.10	25	¥115.10	

步骤 12 复制公式。选中Q2单元格填充手柄，将其拖动至Q24单元格中，完成公式的复制操作。

步骤 13 设置数字格式。选中Q2:Q24单元格区域，打开"设置单元格格式"对话框，切换至"数字"选项卡，将"小数位数"设为0，结果如下图所示。

应纳税所得额	个税税率	速算扣除数	应纳税额	实发金额
¥2,100	0.15	125	¥190.00	¥3,910
¥2,202	0.15	125	¥205.30	¥3,997
¥2,006	0.15	125	¥175.90	¥3,630
¥1,853	0.10	25	¥160.30	¥3,693
¥2,146	0.15	125	¥196.90	¥3,949
¥1,965	0.10	25	¥171.50	¥3,794
¥2,225	0.15	125	¥208.75	¥4,016
¥1,831	0.10	25	¥158.10	¥3,673
¥1,779	0.10	25	¥152.90	¥3,626
¥1,973	0.10	25	¥172.30	¥3,801
¥1,401	0.10	25	¥115.10	¥3,286

步骤 14 计算合计金额。选择Q25单元格，单击"自动求和"按钮，计算合计金额，如下图所示。

¥1,849	0.10	25	¥159.90	¥3,689
¥2,178	0.15	125	¥201.70	¥3,976
¥2,095	0.15	125	¥189.25	¥3,906
¥2,237	0.15	125	¥210.55	¥4,026
¥1,798	0.10	25	¥154.80	¥3,643
¥2,039	0.10	25	¥178.90	¥3,857
¥1,619	0.10	25	¥136.90	¥3,482
¥1,910	0.10	25	¥166.00	¥3,744
			合计实发金额	¥86,804
			实发最高	
			实发最少	

步骤 15 计算实发最高额。选中Q26单元格，在"自动求和"下拉列表中，选择"最大值"选项，并选择Q2:Q24单元格区域，按Enter键得出计算结果，如下图所示。

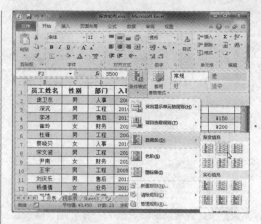

步骤 16 计算实发最少。选中Q27单元格，在"自动求和"列表下，选择"最小值"选项，并选择Q2:Q24单元格区域，按Enter键，计算出实发最少值，如下图所示。

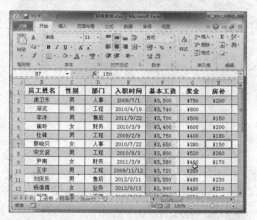

4 设置条件格式

为了使表格中的数据显示更为清晰，可对数据设置相应的条件格式。

步骤 01 启动数据条功能。选择F2:F24单元格区域，在"开始"选项卡中，单击"条件格式"下拉按钮，选择"数据条"选项，并在其级联菜单中，选择满意的填充格式，如下图所示。

步骤 02 查看效果。此时被选中的单元格已添加了数据条格式，如下图所示。

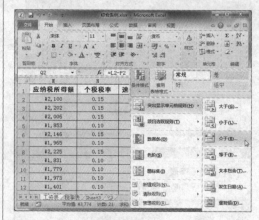

步骤 03 选择条件规则。选择Q2:Q24单元格区域，在"条件格式"下拉列表中，选择"突出显示单元格规则>介于"选项，如下图所示。

步骤 04 设置条件参数。在"介于"对话框中，单击选取按钮，在Q列单元格中，选择所需参数，如下图所示。

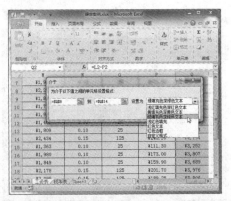

步骤 05 查看结果。此时被选中的单元格区域已添加了条件格式，如下图所示。

⑤ 数据排序和筛选

下面对"部门"和"实发金额"两列数据进行排序和筛选。

步骤 01 启动自定义排序功能。选择表格任意单元格，单击"排序和筛选"下拉按钮，选择"自定义排序"选项。

步骤 02 设置排序参数。在"排序"对话框中，将"主要关键字"设为"部门"、将"排序依据"设为"数值"、将"次序"设为"升序"，如下图所示。

步骤 03 设置"选项"参数。在"排序"对话框中，单击"选项"按钮，在"排序选项"对话框中，单击"笔划排序"单选按钮，单击"确定"按钮，关闭对话框，如下图所示。

步骤 04 添加条件。单击"添加条件"按钮，添加排序条件。然后将"次要关键字"设为"实发金额"、将"次序"设置"降序"，如下图所示。

步骤 05 完成自定义排序。设置完成后，单击"确定"按钮，完成自定义排序操作，如下图所示。

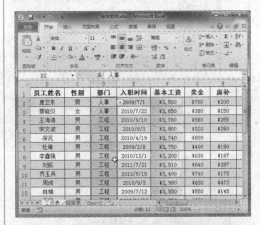

高手妙招

指定选定区域排序

在对某数据列进行排序后，该列的其他数据列也会随之排序，若只想对某一数据列进行排序，可选择所需数据列，单击"升序"或"降序"按钮，在"排序提醒"对话框中，单击"以当前选定区域排序"选项，单击"排序"按钮即可。

步骤 06 输入筛选条件。在表格空白处输入数据筛选条件，如下图所示。

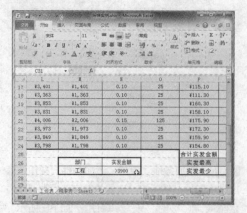

步骤 07 启动高级筛选功能。切换至"数据"选项卡，在"排序和筛选"下拉列表组中，选择"高级"选项，打开"高级筛选"对话框，如下图所示。

步骤 08 设置列表区域。单击"将筛选结果复制到其他位置"单选按钮，再单击"列表区域"右侧选取按钮，框选A1:Q24单元格区域，如下图所示。

步骤 09 设置条件区域。单击"条件区域"右侧选取按钮，框选表格筛选条件区域，例如M26:N27单元格区域，如下图所示。

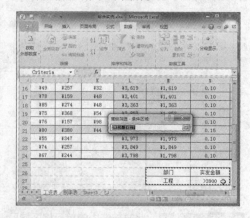

步骤 10 框选筛选结果区域。单击"复制到"右侧选取按钮，框选表格下方空白区域，如下图所示。

步骤 11 完成筛选操作。单击"确定"按钮，完成数据筛选操作，结果如下图所示。

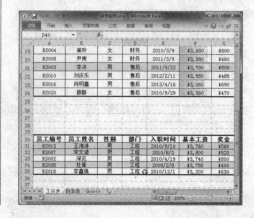

6 创建业务部工资统计图表

下面介绍公司业务部门员工工资图表的创建操作。

步骤 01 新建工作表。双击工作表Sheet3标签，新建工作表，并将其重命名。

步骤 02 创建表格内容。在"工资表"工作表中，选中所需表格区域，单击鼠标右键，执行"复制"命令，然后在新建工作表中粘贴表格内容，结果如下图所示。

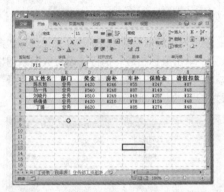

步骤 03 隐藏列。选中当前工作表中的D列至M列区域，单击鼠标右键，执行"隐藏"命令，将被选单元列隐藏，如下图所示。

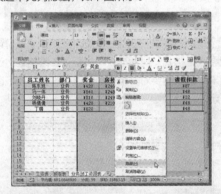

高手妙招

显示隐藏的数据列

想要显示隐藏的列，只需选择隐藏列的相邻两个数据列区域，单击鼠标右键，选择"取消隐藏"选项即可显示。

步骤 04 插入柱形图表。全选表格，单击"图表"下拉按钮，选择"柱形图"选项，插入柱形图表，结果如下图所示。

步骤 05 添加图表标题。单击"图表工具—布局"选项卡的"图表标题"下拉按钮，选择"图表上方"选项，插入标题文本框，输入标题内容，如下图所示。

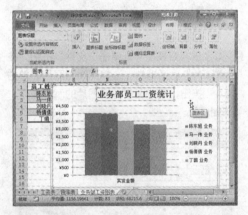

步骤 06 设置图表外观样式。选中图表，在"图表工具—设计"选项卡中，单击"图表样式"下拉按钮，选择满意的样式，如下图所示。

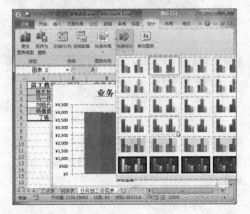

Chapter 8 使用Excel对数据进行统计分析

步骤 07 添加图表背景。选中图表区域，单击鼠标右键，执行"设置图表区格式"命令，打开相应对话框。切换至"填充"选项卡，单击"图片或纹理填充"单选按钮，如下图所示。

步骤 08 选择背景图片。单击"文件"按钮，在"插入图片"对话框中，选择满意的图片，单击"插入"按钮，完成图表背景图片的添加操作，如下图所示。

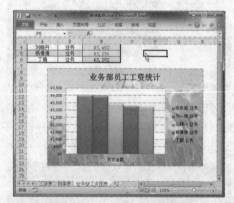

高手妙招

取消网格线显示
在"视图"选项卡的"显示"组中，取消勾选"网格线"复选框即可隐藏多余的网格线。

步骤 09 添加数据标签。将绘图区背景设为白色，并调整透明度。然后在"图表工具—布局"选项卡中，单击"数据标签"下拉按钮，选择"数据标签外"选项，添加标签，如下图所示。

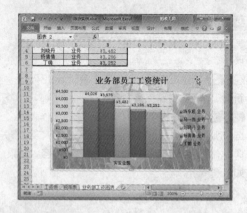

步骤 10 设置数据系列间距。选中图表任意数据系列，单击鼠标右键，执行"设置数据系列格式"命令，在打开的对话框中，将"系列重叠"设为-25，如下图所示。

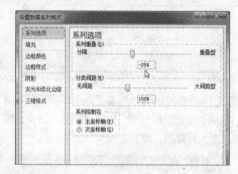

步骤 11 设置图表三维格式。选中图表，打开"设置图表区格式"对话框，切换至"三维格式"选项卡，根据需要对其相关参数进行设置，如下图所示。

9

Chapter

使用PPT
制作普通演示文稿

　　PowerPoint 2010软件简称为PPT 2010，该软件是Office
办公软件的重要组件之一。它是集文字、图形、音频、视频及动
画等多媒体元素于一体的演示文稿。PPT文稿不仅可在投影仪或
电脑上演示，也可打印出来制作成胶片，以应用到更广泛的领域
中。本章将介绍普通演示文稿的创建与编辑操作。

9.1 制作新产品推广演示文稿（242~254）

9.2 制作公司宣传演示文稿（255~268）

9.1 制作新产品推广演示文稿

下面以制作推广新产品的演示文稿为例，向用户介绍如何创建普通幻灯片，涉及到的命令有：新建演示文稿、设置母版幻灯片以及图片文本的添加操作等。

9.1.1 创建演示文稿

在学习前，首先需学习文稿的创建方法。下面介绍具体创建步骤。

1 新建PPT文稿

用创建文件的方法创建演示文稿，是最常使用的方法。

步骤 01 **创建文件。** 在桌面上单击鼠标右键，执行"新建>创建Microsoft PowerPoint演示文稿"命令，如下图所示。

步骤 02 **修改文件名称。** 创建文稿后，选择该文稿，按F2键修改文件名，如下图所示。

步骤 03 **打开文件。** 双击该文档图标即可启动PPT，然后可对文档进行编辑，如下图所示。

2 在编辑文档时创建

在编辑文档的过程中，可以随时创建新的演示文稿，切换至"文件"选项卡，选择"新建"选项，然后单击"空白演示文稿"右侧的"创建"按钮即可完成创建空白文稿。

③ 根据样本模板创建

PPT自带了许多模板文稿，用户可使用这些模版来创建文稿。

步骤 01 **打开新建选项。**在"文件"选项卡中选择"新建"选项，单击"样本模板"按钮，如下图所示。

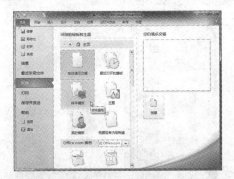

步骤 02 **选择模板。**在"可用的模版和主题"选项组中，选择满意的模板样式，单击"创建"按钮，如下图所示。

步骤 03 **查看效果。**在打开的模板文稿中，用户可查看模板效果，如下图所示。

④ 使用主题创建文稿

除了使用样板模板创建外，用户还可使用主题模板来创建。

步骤 01 **打开新建选项。**在"文件"选项卡中选择"新建"选项，单击"主题"按钮，如下图所示。

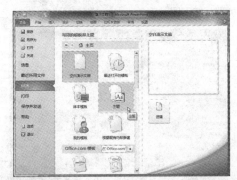

步骤 02 **选择主题。**在"可用的模板和主题"选项组中，选择满意的主题选项，单击右侧"创建"按钮，如下图所示。

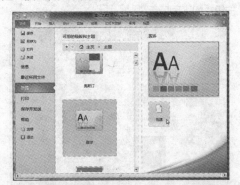

步骤 03 **查看效果。**选择后，系统自动以选择的主题模板样式来创建文档，效果如下图所示。

5 联网下载模板

Office网站也提供了大量实用模板，用户可根据要求下载创建。

步骤 01 选择模板类型。选择"新建"选项，在"Office.com模板"选项组中，选择适合的模板类型，如下图所示。

步骤 02 选择类型。在打开的模版类型列表中，选择合适的模板样式选项，单击右侧的"下载"按钮，如下图所示。

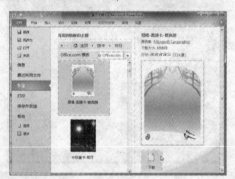

步骤 03 查看效果。稍等片刻，则会打开刚下载的模板文稿，如下图所示。

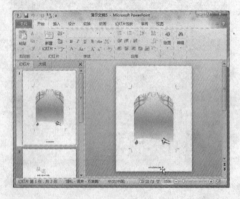

9.1.2 保存演示文稿

在文稿创建完毕后，即可以对文稿进行保存操作了。

步骤 01 保存文件。创建演示文稿完成后，单击界面左上角的"保存"按钮或按组合键Ctrl+S，保存该文档，如下图所示。

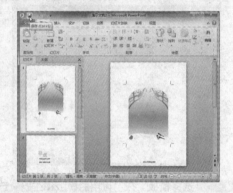

步骤 02 "另存为"保存。在"文件"选项卡中，选择"另存为"选项，如下图所示。

步骤 03 完成保存。在"另存为"对话框中，选择保存的路径并设置好文件名称，单击"保存"按钮即可保存，如下图所示。

步骤 04 利用"退出"命令保存选项。单击文稿右上角的"关闭"按钮，系统会打开提示框，单击"保存"按钮同样可保存文档，如下图所示。

9.1.3 使用母版创建幻灯片背景

母版可为所有幻灯片设置默认的版式和样式。PPT有三种母版类型，分别为幻灯片母版、讲义母版和备注母版。下面介绍幻灯片母版的设置操作。

1 进入及退出幻灯片母版

下面介绍如何进入或退出幻灯片母版视图。

步骤 01 选择相关命令。切换至"视图"选项卡，在"母版视图"组中，单击"幻灯片母版"按钮，如下图所示。

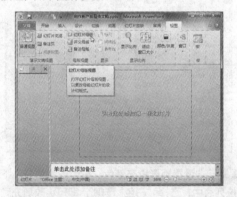

步骤 02 打开母版视图。打开幻灯片母版视图，如下图所示。

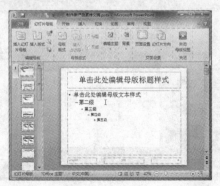

步骤 03 退出幻灯片母版。设置幻灯片母版完成后，在"关闭"组中，单击"关闭母版视图"按钮即可退出，如下图所示。

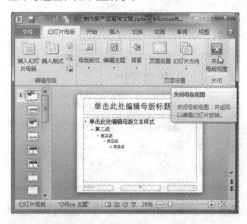

2 使用母版创建背景

使用母版可使演示文稿中所有幻灯片有统一的风格，例如统一的背景和文本格式等。下面介绍如何使用母版创建幻灯片背景。

步骤 01 选择背景选项。打开幻灯片母版视图，在"背景"组中，单击"背景样式"下拉按钮，选择"设置背景格式"选项，如下图所示。

操作提示

复制幻灯片

在幻灯片浏览视图中，选择要复制的幻灯片，并按住Ctrl键的同时，按住鼠标左键不放拖动幻灯片至满意位置，释放鼠标则可完成复制操作。

步骤 02 选择相关选项。在"设置背景格式"对话框中，单击"图片或纹理填充"单选按钮，然后单击"文件"按钮，如下图所示。

步骤 03 选择背景图片。在"插入图片"对话框中，选择所需图片，单击"插入"按钮，如下图所示。

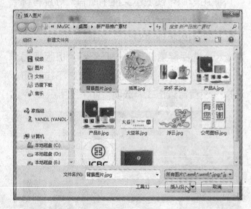

步骤 04 查看效果。单击"关闭"按钮完成背景图的设置，结果如下图所示。

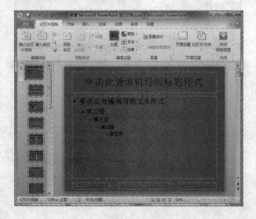

步骤 05 绘制矩形。在"插入"选项卡中，单击"矩形"形状，绘制矩形，如下图所示。

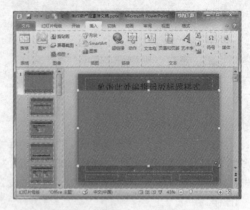

步骤 06 设置矩形轮廓。在"绘图工具—格式"选项卡中，单击"形状轮廓"下拉按钮，选择"无轮廓"选项，如下图所示。

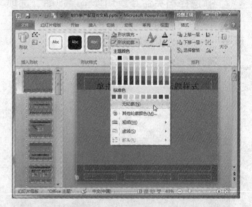

步骤 07 设置矩形填充颜色。在"形状填充"下拉列表中，选择"白色"选项，即可更改填充颜色，如下图所示。

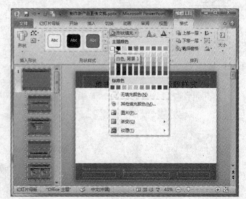

步骤 08 插入产品LOGO图片。在"插入"选项卡中，单击"图片"按钮，在"插入图片"对话框中，选择产品的LOGO图片，如下图所示。

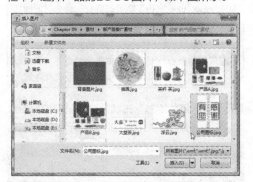

步骤 09 完成图片插入。单击"插入"按钮，此时产品的LOGO图片已插入至背景中，如下图所示。

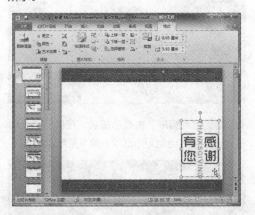

步骤 10 调整图片大小。用鼠标拖曳的方法调整图片大小，再单击"关闭母版视图"按钮，完成幻灯片背景图的设置，如下图所示。

步骤 11 使用母版。单击"新建幻灯片"下拉按钮，选择需要的格式，如下图所示。

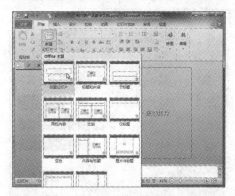

步骤 12 最终效果。创建完成后，用户可查看到统一的文稿背景样式，如下图所示。

9.1.4 制作封面幻灯片

设置幻灯片背景样式完成后，下面对幻灯片的封面样式进行设置。

步骤 01 进入母版视图。单击"视图"选项卡中的"幻灯片母版"按钮，打开母版视图，如下图所示。

步骤 02 制作空白页。在母版视图中，选择"空白"版式，单击"背景样式"下拉按钮，选择"白色"背景样式，如下图所示。

步骤 03 新建封面幻灯片。退出母版视图。在普通视图中，单击"新建幻灯片"下拉按钮，选择"空白"版式，如下图所示。

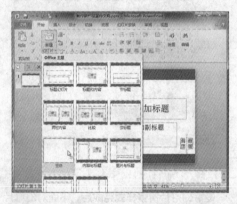

步骤 04 移动幻灯片。选择添加的空白幻灯片，按住鼠标左键，拖动幻灯片至第1张幻灯片上方，如下图所示。

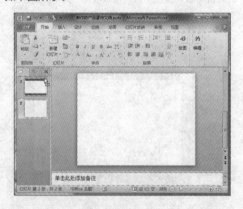

步骤 05 选择"矩形"形状。选择"空白"幻灯片，单击"矩形"形状，如下图所示。

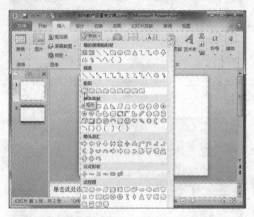

步骤 06 绘制矩形。选择完成后，在该幻灯片中的合适位置，绘制矩形形状，如下图所示。

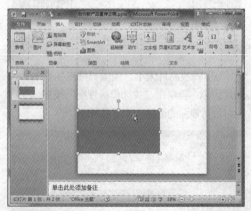

步骤 07 **填充图片。** 在"绘图工具-格式"选项卡的"形状填充"下拉列表中，选择"图片"选项，如下图所示。

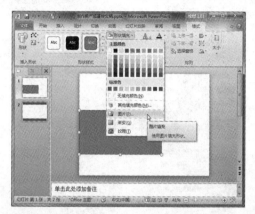

步骤 08 **选择图片。** 在"插入图片"对话框中，选择填充的图片，单击"插入"按钮，如下图所示。

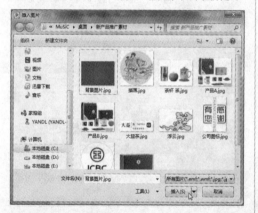

步骤 09 **设置矩形轮廓。** 单击"形状轮廓"下拉按钮，选择"无轮廓"选项，如下图所示。

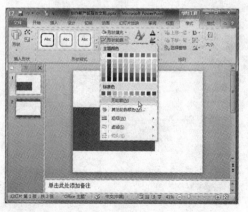

步骤 10 **插入图片。** 在"插入"选项卡中，单击"图片"按钮，如下图所示。

步骤 11 **选择图片。** 在"插入图片"对话框中，选择"公司图标.jpg"图片，单击"插入"按钮，如下图所示。

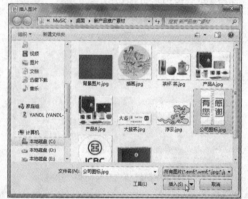

步骤 12 **调整位置。** 选中图片，使用鼠标拖曳的方法，调整图片的大小和位置，如下图所示。

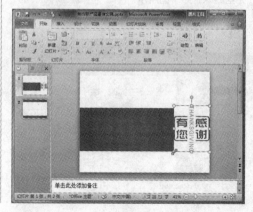

步骤 13 **删除背景。**再次单击"图片"按钮,将仙女图片插入至幻灯片中,然后在"图片工具—格式"选项卡中,单击"删除背景"按钮,如下图所示。

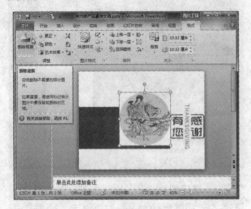

步骤 14 **选择区域。**调整图片保留区域,单击"保留更改"按钮,如下图所示。

步骤 15 **查看删除效果。**此时仙女图片的背景已完全删除,如下图所示。

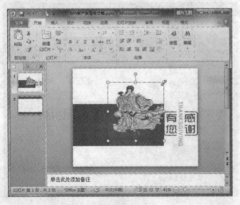

步骤 16 **旋转图片。**插入"浮云"图片,并删除其背景。然后选中该"浮云"图片,利用图片上方的旋转按钮,旋转该图片,如下图所示。

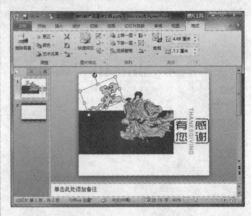

步骤 17 **查看旋转效果。**旋转图片完成后,适当调整该图片的大小及位置,如下图所示。

步骤 18 **复制浮云图片。**按住Ctrl键,使用鼠标拖曳的方法,复制浮云图片,如下图所示。

步骤19 **查看效果。**旋转浮云图片，完成复制操作，如下图所示。

步骤20 **插入文本框。**单击"插入"选项卡中的"文本框"按钮，如下图所示。

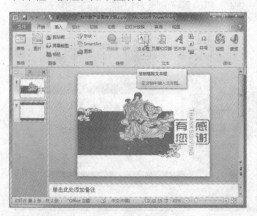

步骤21 **框选文本框区域。**拖曳文本框区域到该幻灯片的合适位置，如下图所示。

步骤22 **输入文字。**在文本框中，输入文字，设置其字体、字号及字形，结果如下图所示。

9.1.5 制作内容幻灯片

制作封面幻灯片完成后，接下来制作内容幻灯片。

步骤01 **新建标题幻灯片。**单击"新建幻灯片"下拉按钮，选择"标题幻灯片"选项，创建标题幻灯片，如下图所示。

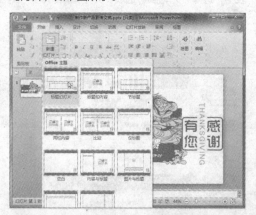

步骤02 **清除LOGO图标。**在"形状"下拉列表中，选择"矩形"形状，如下图所示。

步骤 03 覆盖LOGO填充颜色。在产品LOGO图标处，绘制矩形，并将其颜色填充为白色，用矩形覆盖住LOGO图标，如下图所示。

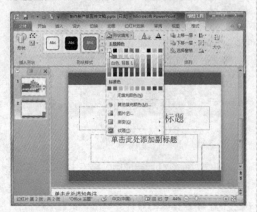

步骤 04 设置矩形边框。在"形状轮廓"下拉列表中，选择"无轮廓"选项，如下图所示。

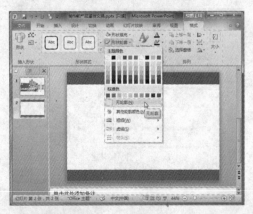

步骤 05 插入文本框。在标题幻灯片中，删除默认的文本框，选择"垂直文本框"选项，如下图所示。

步骤 06 输入文字。在幻灯片合适位置处，框选出文本框区域，并输入文本内容，如下图所示。

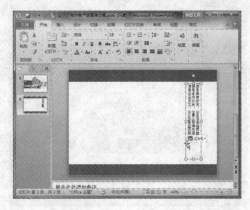

步骤 07 设置文本格式。选中文本内容，将其字体设为"华文行楷"、字号设为"36"号并加粗文本，再设置行间距为1.5倍，如下图所示。

步骤 08 插入图片。将产品LOGO图标插入到文档左侧，此时第二张幻灯片已完成制作完毕，如下图所示。

步骤 09 新建第3张内容幻灯片。单击"新建幻灯片"下拉按钮，选择"标题和内容"版式，如下图所示。

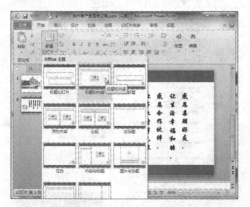

步骤 10 插入图片。在文本插入点处，单击"插入来自文件图片"图标按钮，如下图所示。

步骤 11 调整图片。在"插入图片"对话框中，选择"产品A"图片插入，并调整图片的位置与大小，如下图所示。

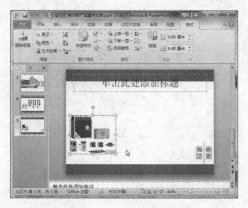

步骤 12 输入文本。在标题文本框处，输入文本内容，并调整文本框大小，效果如下图所示。

步骤 13 完成效果。继续添加文本框并输入文字，此时第三张幻灯片已制作完成，效果如下图所示。

步骤 14 新建第4张幻灯片。单击"新建幻灯片"下拉按钮，选择"标题与内容"版式，如下图所示。

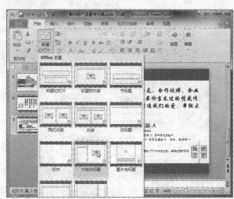

步骤15 插入图片。单击"插入图片"按钮，插入"产品B"图片，调整图片大小及位置，如下图所示。

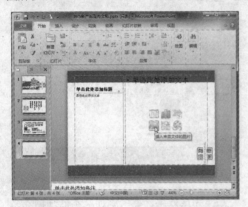

步骤16 插入文字。插入文本框并输入文本内容，最终效果如下图所示。

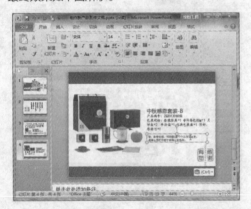

步骤17 制作其他幻灯片内容。按照以上同样的方法，制作剩余内容幻灯片，下图为第8张幻灯片内容效果。

9.1.6 制作结尾幻灯片

下面制作结尾幻灯片的内容。

步骤01 新建9张幻灯片。单击"新建幻灯片"按钮，选择"空白"版式幻灯片，如下图所示。

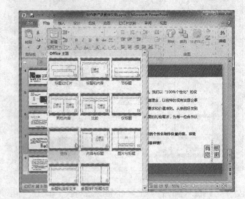

步骤02 清除LOGO。使用矩形形状清除幻灯片右下角产品LOGO图标，如下图所示。

步骤03 添加结尾幻灯片内容。在该幻灯片中，添加相应的图片及文本内容，最终效果如下图所示。

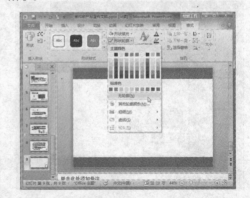

9.2 制作公司宣传演示文稿

与纸质宣传稿相比，使用演示文稿来宣传，利大于弊。以上实例介绍了创建简单的演示文稿的方法，下面以制作公司宣传文稿为例，向用户介绍利用母版幻灯片样式设置的操作。

9.2.1 使用母版制作幻灯片背景

下面使用幻灯片母版功能，对幻灯片的背景样式进行设置。

步骤 01 打开母版视图。启动PPT软件，新建标题幻灯片，单击"视图"选项卡中的"幻灯片母版"按钮，打开母版视图界面，如下图所示。

步骤 02 选择填充相关选项。选择第一张母版，单击"背景样式"下拉按钮，选择"设置背景格式"选项，在打开的对话框中，单击"图片或纹理填充"单选按钮，如下图所示。

步骤 03 选择背景图片。单击"文件"按钮，在"插入图片"对话框中，选择所需背景图片，单击"插入"按钮，完成母版背景图片的插入操作，如下图所示。

步骤 04 制作页眉样式。在"插入"选项卡的"形状"下拉列表中，选择"加号"形状，如下图所示。

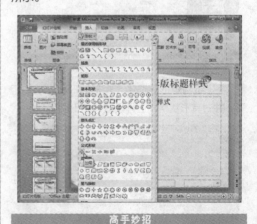

高手妙招

删除多余的幻灯片

选择要删除的幻灯片，单击键盘上的Delete键即可。当然也可使用剪切命令删除，方法为：选中多余的幻灯片，单击鼠标右键，执行"剪切"命令，同样也可删除。

步骤 05 **绘制十字形状。** 在幻灯片左上角，绘制十字形状，将其填充颜色并进行设置，如下图所示。

步骤 06 **绘制直线。** 在"形状"下拉列表中，选择"直线"形状，按住Shift键绘制直线，并对其格式进行设置，其结果如下图所示。

步骤 07 **绘制矩形。** 选择"矩形"形状，绘制矩形，并对其形状格式进行设置，如下图所示。

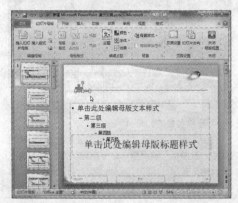

步骤 08 **设置形状叠加顺序。** 选中"加号"形状，单击鼠标右键，执行"置于顶层"命令，调整该形状的叠加顺序，如下图所示。

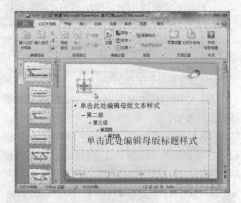

步骤 09 **制作页脚样式。** 分别选择"直线"和"矩形"形状，绘制页脚线，并对其格式进行设置，结果如下图所示。

步骤 10 **设置标题母版背景。** 在母版视图中，选择标题幻灯片，在"形状"下拉列表中，选择"矩形"形状，绘制矩形，如下图所示。

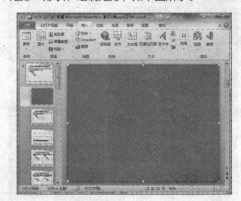

步骤 11 选择背景图片。单击"形状填充"下拉按钮，选择"图片"选项，并在"插入图片"对话框中，选择背景图片，如下图所示。

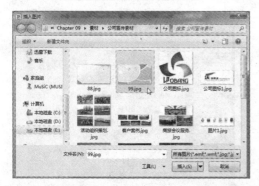

步骤 12 完成插入。单击"插入"按钮，完成标题幻灯片背景图片的插入，如下图所示。

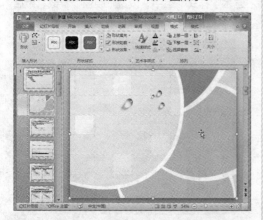

步骤 13 查看演示文稿背景效果。关闭母版视图，新建"标题和内容"幻灯片，查看背景效果，如下图所示。

9.2.2 制作封面幻灯片

下面将对演示文稿的封面幻灯片的内容进行设置。

步骤 01 输入标题内容。选中首张幻灯片，删除标题文本框，在"插入"选项卡中，单击"艺术字"按钮，选择满意的艺术字样式，输入文稿标题文本。

步骤 02 设置标题文本格式。选中标题文本框，在"字体"组中，对文本格式进行设置，如下图所示。

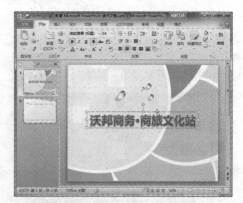

步骤 03 输入副标题。单击"艺术字"按钮，输入副标题文本内容，然后在"字体"组中，对副标题文本格式进行设置，结果如下图所示。

高手妙招

插入图片的其他方法

在"插入图片"对话框中，选中所需图片，拖动图片至幻灯片中，释放鼠标即可插入幻灯片中。使用该方法也可将网页图片拖至幻灯片中。

步骤 04 插入公司图标。在"插入"选项卡中，单击"图片"按钮，在"插入图片"对话框中，选择"公司图标.jpg"图片，单击"插入"按钮，如下图所示。

步骤 05 调整图标位置。将插入的图标移至幻灯片合适位置，适当调整好图标大小，完成封面幻灯片内容的制作，结果如下图所示。

PPT占位符介绍

PPT占位符是一种带有虚线或阴影线边缘的方框，绝大部分幻灯片版式中都有。PPT占位符包含8种类型，分别为：文本占位符、图片占位符、内容占位符、表格占位符、SmartArt占位符、图表占位符、剪贴画占位符及媒体占位符。在母版视图中，单击"插入占位符"下拉按钮，则可插入相应的占位符。

9.2.3 制作内容幻灯片

制作封面幻灯片完毕后，接下来可制作内容幻灯片了。

1 使用母版格式输入文本

在幻灯片母版中，若对其文本进行设置，可统一整个演示文稿中的文本样式，下面介绍具体操作。

步骤 01 添加艺术字样式。打开幻灯片母版视图，选择"标题和内容"母版，选中标题文本框，添加艺术字样式，如下图所示。

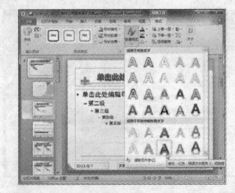

步骤 02 设置标题映像参数。选中标题文本，在"艺术字样式"组中，设置"映像"参数，然后将文本框移至幻灯片满意位置，如下图所示。

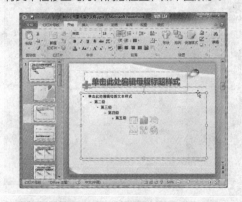

步骤 03 设置内容文本格式。在该母版幻灯片中，选中内容占位符，将字体设为"宋体"，字号设为18，然后删除页脚文本框，结果如下图所示。

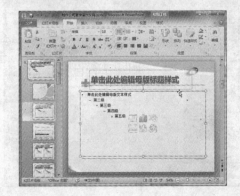

步骤 04 创建第2张幻灯片。关闭母版视图，返回普通幻灯片视图。在"新建幻灯片"下拉列表中，选择"标题和内容"选项，如下图所示。

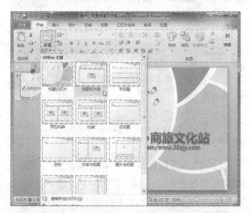

步骤 05 应用文本格式。此时设置好的母版格式已应用至该幻灯片中，如下图所示。

步骤 06 输入标题内容。在标题文本框中，输入该幻灯片标题文本，如下图所示。

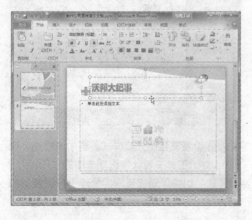

步骤 07 输入内容文本。单击内容占位符，输入该幻灯片内容文本，如下图所示。

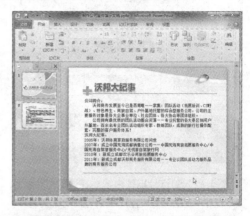

步骤 08 添加项目符号。在文本框中，选择所需添加符号的段落文本，在"段落"组中，单击"项目符号"下拉按钮，选择满意的符号即可添加，如下图所示。

2 添加SmartArt图形

在幻灯片中，经常会根据内容需要添加一些SmartArt图形。下面介绍操作方法。

步骤 01 新建第三张幻灯片。单击"新建幻灯片"按钮，选择"标题和内容"版式，新建第三张幻灯片。

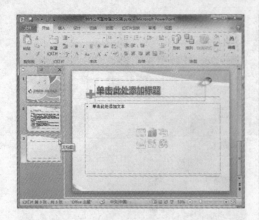

步骤 02 输入幻灯片标题内容。在该幻灯片标题文本框中，输入标题内容，如下图所示。

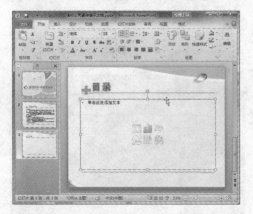

步骤 03 插入流程图。选择内容占位符，单击"插入SmartArt图形"图标按钮，如下图所示。

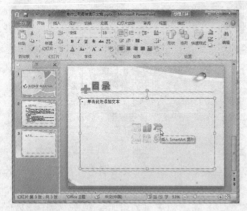

步骤 04 选择SmartArt图形。在"选择Smart-Art图形"对话框中，选择满意的流程图样式，如下图所示。

步骤 05 输入流程图文本。单击"确定"按钮，完成流程图的插入。在流程图中，输入文本内容，操作方法与在Word中相同，如下图所示。

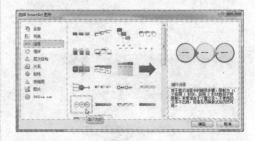

步骤 06 添加形状。单击"添加形状"下拉按钮，选择"在后面添加形状"选项即可，按照同样的操作，添加其他图形，并添加文本内容，如下图所示。

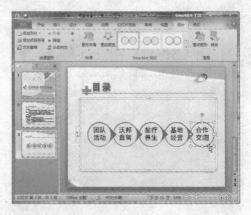

步骤 07 设置流程图外观样式。选中流程图，在"SmartArt工具—设计"选项卡中的"Smart-Art样式"组中，对该流程图外观进行设置，如下图所示。

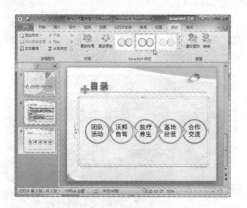

步骤 08 **制作第四张幻灯片。** 新建第四张幻灯片，按照以上操作方法，插入SmartArt图形，并对其外观样式进行设置，结果如下图所示。

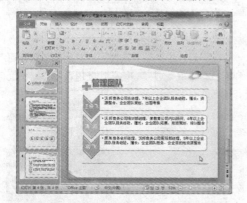

3 添加表格内容

PPT中表格的设置方法与Word文档中的设置类似，具体操作如下。

步骤 01 **新建第五张幻灯片内容。** 新建"标题和内容"幻灯片，并在该幻灯片中输入标题文本，如下图所示。

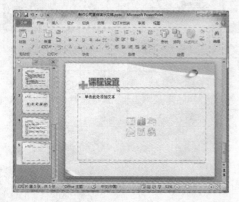

步骤 02 **选择"插入表格"按钮。** 在内容占位符中，单击"插入表格"图标按钮，如下图所示。

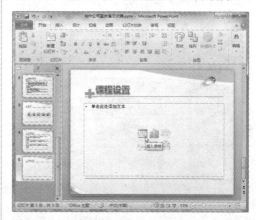

步骤 03 **插入表格。** 在"插入表格"中，将"列数"设为4、"行数"设为11，如下图所示。

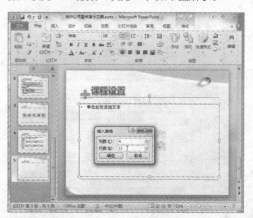

步骤 04 **查看结果。** 单击"确定"按钮，完成表格的插入操作，如下图所示。

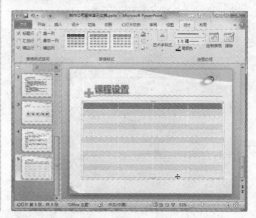

步骤 05 输入表格内容。选中所需单元格，输入表格内容，如下图所示。

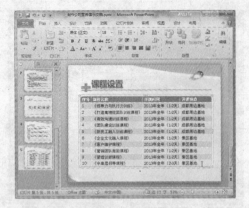

步骤 06 设置表格样式。选择表格边框，在"表格工具—设计"选项卡的"表格样式"下拉列表中，选择满意的表格样式，如下图所示。

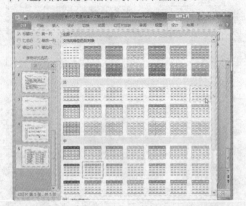

步骤 07 添加表格边框。选中表格，单击"所有框线"下拉按钮，选择"所有框线"选项，可添加表格边框线，如下图所示。

步骤 08 设置文本对齐方式。选中表格，在"表格工具—布局"选项卡的"对齐方式"组中，设置文本的对齐方式，如下图所示。

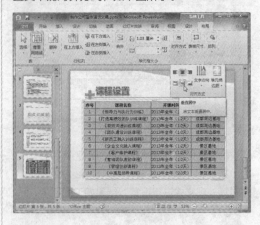

4 添加图文并茂的幻灯片内容

在幻灯片中，想要实现图文并茂的效果，可利用"文本框"或"表格"功能进行操作。下面介绍操作方法。

步骤 01 新建第六张幻灯片。单击"标题和内容"版式，新建第六张幻灯片，如下图所示。

步骤 02 创建2行3列表格。在该幻灯片中，输入标题内容，并单击"插入表格"按钮，插入2行3列表格，如下图所示。

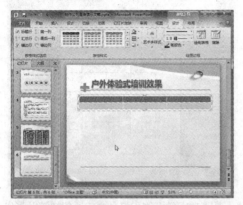

步骤 03 设置表格框线。全选表格，单击"表格工具—设计"选项卡中的"所有框线"按钮，选择"无框线"选项，隐藏表格框线，如下图所示。

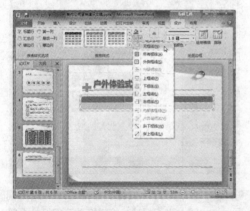

步骤 04 输入表格文本内容。选中第二行首个单元格，输入文本内容，如下图所示。

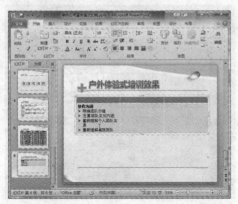

步骤 05 输入其他单元格内容。在其他表格单元格中，输入文本内容，如下图所示。

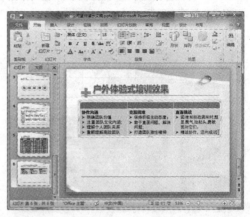

步骤 06 调整首行行高。选中表格首个单元格，多次按Enter键，调整该单元格的行高，如下图所示。

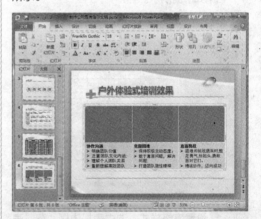

步骤 07 插入图片。单击"插入"选项中卡的"图片"按钮，在"插入图片"对话框中，选择所需的图片，如下图所示。

步骤 08 调整图片位置。单击"插入"按钮,插入图片。然后选中图片,将其移动至表格首个单元格中,如下图所示。

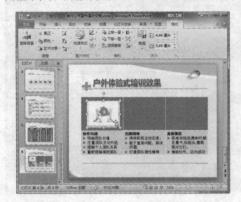

步骤 09 插入其他图片。单击"图片"按钮,插入其他两张图片,并将图片移至表格相应单元格中,结果如下图所示。

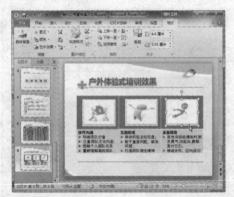

步骤 10 设置表格样式。选中表格边框,在"表格样式"下拉列表中,选择满意的表格样式,如下图所示。

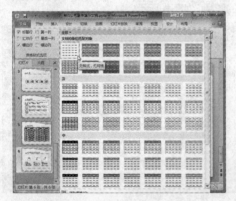

步骤 11 查看表格样式。选择完成后,完成表格样式的设置操作,如下图所示。

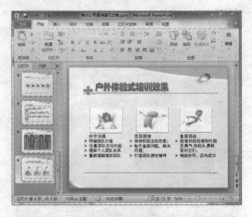

步骤 12 输入第七张幻灯片内容。创建第七张幻灯片,并输入好内容,结果如下图所示。

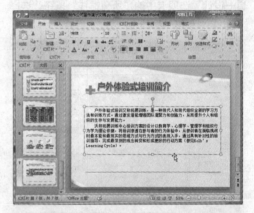

步骤 13 移动幻灯片位置。打开幻灯片浏览视图,选中第七张幻灯片,将其拖动该幻灯片至第五张~第六张幻灯片之间,如下图所示。

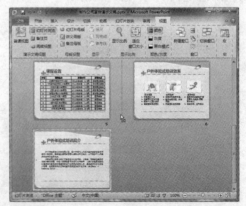

步骤14 **创建第八张幻灯片。**单击"新建幻灯片"下拉按钮，选择"仅标题"幻灯片版式，如下图所示。

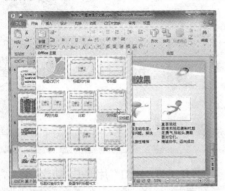

步骤15 **插入幻灯片图片。**在该幻灯片中，输入标题内容，单击"格式刷"按钮，将其他幻灯片的标题格式复制到该标题上，然后插入相关图片，并对其进行排列，如下图所示。

步骤16 **插入关系图。**单击SmartArt按钮，在"选择SmartArt图形"对话框中，选择满意的关系图并插入，如下图所示。

步骤17 **输入文本。**选中关系图形，输入文本，如下图所示。

步骤18 **设置关系图格式。**选中关系图形，在"SmartArt工具—设计"选项卡的"SmartArt样式"组中，设置关系图格式，如下图所示。

步骤19 **新建第九张幻灯片。**在"新建幻灯片"下拉列表中，选择"仅标题"幻灯片母版，并设置好标题内容，如下图所示。

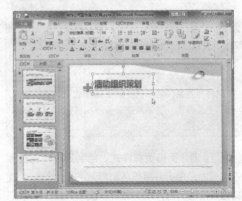

步骤20 设置幻灯片内容。按照以上操作,添加幻灯片内容,并设置其格式,如下图所示。

9.2.4 制作结尾幻灯片

内容幻灯片制作完成后,接下来制作结尾幻灯片内容。

步骤01 设置空白母版幻灯片。打开幻灯片母版视图,选中"空白"母版幻灯片,单击"背景样式"下拉按钮,将其背景设为白色,如下图所示。

操作提示

使用主题功能设置幻灯片效果

在PPT中,切换至"设计"选项卡,在"主题"组中,用户可选择幻灯片主题样式来设置演示文稿外观效果。若对内置的主题样式不满意,用户可单击"颜色、字体及效果"下拉按钮,自定义幻灯片主题样式。

步骤02 清除页眉页脚样式。绘制矩形,将其颜色填充为白色,并覆盖住幻灯片的页眉页脚,使其背景为纯白色,如下图所示。

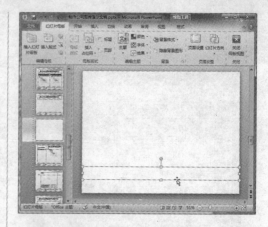

步骤03 创建第十张幻灯片。在"新建幻灯片"下拉列表中,选择"空白"版式,创建第十张幻灯片,如下图所示。

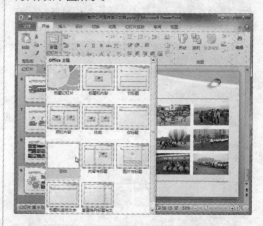

步骤04 绘制形状图形。单击"形状"下拉按钮,选择"五边形"和"燕尾型"形状,绘制图形,并调整好其大小及位置,如下图所示。

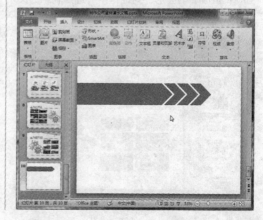

步骤 05 插入图标。单击"插入图片"按钮,插入相应的图标,将其放置在绘制的形状上,如下图所示。

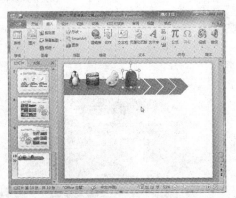

步骤 06 插入艺术字。单击"艺术字"下拉按钮,选择满意的艺术字样式,插入艺术字,输入文本内容,并对其文本格式进行设置,如下图所示。

步骤 07 设置形状颜色。选中绘制的形状图形,单击"形状填充"下拉按钮,选择满意的填充颜色,结果如下图所示。

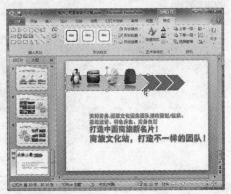

步骤 08 复制颜色。选中设置的颜色形状,单击"格式刷"按钮,复制形状颜色,如下图所示。

步骤 09 创建第11张幻灯片。选择"新建幻灯片"选项卡中的"标题幻灯片"母版,如下图所示。

步骤 10 添加文本内容。在添加的标题幻灯片中,输入文本内容,并对其文本格式进行设置,最终结果如下图所示。

表现摇曳升腾的蕴染设计

标题

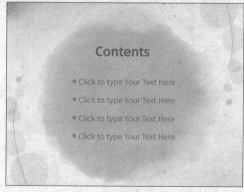

目录

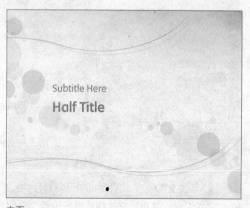

内页

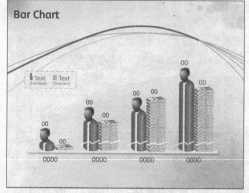

图表

图表

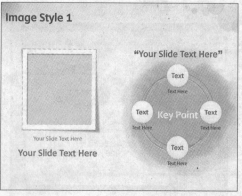

图片

10

Chapter

使用PPT
制作动感演示文稿

前面已向用户介绍了如何使用PPT软件制作静态文稿，静态文稿看上去较为单调，可以在静态文稿中适当添加一些动态元素，可丰富文稿内容，增加文稿可读性。本章将介绍动态演示文稿的制作方法，涉及到的操作命令有：音频、视频的添加，动作按钮的添加，幻灯片切换效果，以及动画效果的添加与编辑等。

10.1 制作培训课件文稿（270~280）
10.2 制作动感产品宣传文稿（281~292）

10.1 制作培训课件文稿

对于教师或培训师来说，经常要使用PPT制作课件或教程之类的文稿。在这些课件文稿中时常会添加一些音频或视频文件。下面以制作AutoCAD 2013入门教程为例，介绍如何在演示文稿中添加音频和视频文件。

10.1.1 为幻灯片添加超链接

在幻灯片中，单击超链接文本，系统会自动跳转至相关幻灯片，从而能够快速阅览所需的信息内容。下面介绍幻灯片的超链接操作。

1 添加幻灯片内部链接

若要在一个演示文稿内添加相关链接项，可通过以下方法设置。下面以"AutoCAD 2013入门课件.pptx"为素材，介绍一下具体添加链接的方法。

步骤01 选择相关链接文本。在打开的素材文档中，选择第二张幻灯片，并选中"AutoCAD 2013新功能的介绍"文本，如下图所示。

高手妙招

利用鼠标右键命令启动超链接功能

除了利用功能区中的链接按钮打开"插入超链接"对话框外，还可以利用鼠标右键启动该功能，方法为：选中所需文本，单击鼠标右键，执行"超链接"命令，即可打开相应的对话框，并对其链接参数进行设置。

步骤02 启动超链接功能。在"插入"选项卡的"链接"组中，单击"超链接"按钮，如下图所示。

步骤03 选择链接位置。在"插入超链接"对话框中的"链接到"列表框中，选择"本文档中的位置"选项，如下图所示。

步骤04 选择链接文本。在"请选择文档中的位置"列表框中，选择要链接到的幻灯片，这里选择第四张幻灯片，此时在"幻灯片预览"框中，显示链接的幻灯片，如下图所示。

步骤05 完成链接操作。单击"确定"按钮，关闭该对话框。此时被选中的文本已添加了下划线，文本颜色也发生了变化，如下图所示。

步骤 06 查看链接效果。 按快捷键F5放映该演示文稿，将光标放置在链接文本上，光标变成手指形状，单击该文本即可跳转至相应的幻灯片中，如下图所示。

步骤 07 设置其他文本链接。 在该幻灯片中，选中其他两行文本，按照以上操作，进行文本链接的设置，结果如下图所示。

2 添加幻灯片外部链接

若想将当前演示文稿中的文本链接至其他文件或网页中，可通过以下方法设置。

步骤 01 选择所需文本。 在该演示文稿中，选中要添加链接的文本内容，单击"超链接"按钮，打开"插入超链接"对话框，如下图所示。

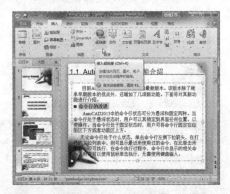

步骤 02 选择链接位置。 在"链接到"列表框中，选择"现有文件或网页"选项，如下图所示。

步骤 03 选择链接到的文件。 在"查找范围"文本框中，选择要链接到文件的所在位置，并在其列表框中，选择相应的文件，如下图所示。

步骤 04 完成链接设置。单击"确定"按钮，完成链接设置。按快捷键F5放映文稿，单击该链接项即可跳转至相关文件中，如下图所示。

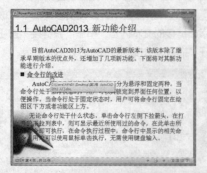

步骤 05 链接到网页。在该演示文稿中，选择所需的链接文本，打开"插入超链接"对话框，将"链接到"设为"现有文件或网页"，然后在"地址"文本框中，输入链接网址，如下图所示。

步骤 06 完成网页链接设置。单击"确定"按钮，完成设置。按快捷键F5放映该文稿，单击所需链接项即可跳转至相关网页，如下图所示。

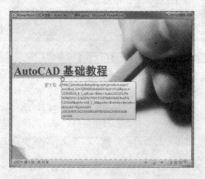

3 设置超链接格式

设置链接项完成后，其字体的颜色会发生变化，用户可使用"新建主题颜色"功能，对超链接的字体颜色进行设置。

步骤 01 启动"新建主题颜色"功能。切换至"设计"选项卡，在"主题"组中，单击"颜色"下拉按钮，选择"新建主题颜色"选项，如下图所示。

步骤 02 设置超链接颜色。在"新建主题颜色"对话框中，单击"超链接"颜色按钮，选择满意的颜色，如下图所示。

步骤 03 设置已访问链接颜色。在该对话框中，单击"已访问的超链接"右侧颜色按钮，选择满意的颜色，如下图所示。

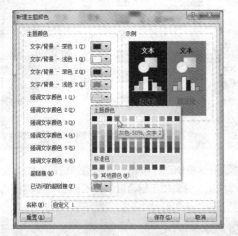

步骤 04 完成设置。单击"保存"按钮，完成设置。此时在演示文稿中，链接项的文本颜色已发生了相应的变化，如下图所示。

④ 添加动作链接

除了可在文本上设置超链接外，还可在图形形状中设置，方法如下。

步骤 01 选择动作按钮形状。选择该文稿首张幻灯片，单击"插入"按钮，在"形状"列表中，选择满意的形状按钮，如下图所示。

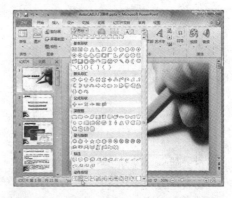

步骤 02 打开相应对话框。选择完成后，在幻灯片右下角，绘制该形状作为动作按钮，然后系统将自动打开"动作设置"对话框，如下图所示。

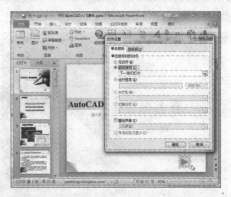

步骤 03 设置动作参数。在"单击鼠标"选项卡的"单击鼠标时的动作"选项组中，单击"超链接到"单选按钮，并在其下拉列表中，选择链接到的位置，如下图所示。

步骤 04 设置播放声音。在该对话框中，勾选"播放声音"复选框，在其下拉列表中，选择满意的声音选项，即可设置动作声音，如下图所示。

步骤 05 完成设置。单击"确定"按钮，完成添加操作。按F5键放映幻灯片，将光标移至该动作按钮上，光标会以手指形状显示，单击该按钮，则会跳转至下一张幻灯片，如下图所示。

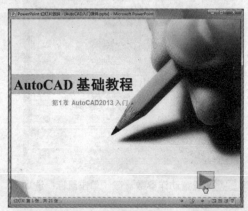

步骤 06 设置动作按钮外观样式。选中动作按钮，在"绘图工具—格式"选项卡的"形状样式"下拉列表中，选择满意的格式选项，更改其外观样式，如下图所示。

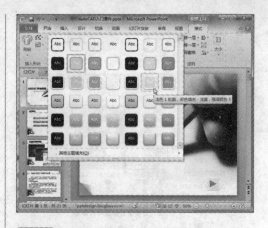

步骤 07 复制动作按钮。选中首张幻灯片中的动作按钮，分别使用组合键Ctrl+C和Ctrl+V将其粘贴至第二张幻灯片中，如下图所示。

步骤 08 制作其他动作按钮。按照复制粘贴的方法，将动作按钮分别粘贴至其他幻灯片中（最后一张除外）。

10.1.2　添加与编辑音频文件

为了使幻灯片更有吸引力，常常会为其添加一些音频文件。下面介绍如何对幻灯片中的音频文件进行设置。

1 添加音频文件

在PPT 2010中，插入的音频文件可分为三种，分别为：文件中的音频、剪贴画音频以及录制音频。下面分别介绍其操作方法。

步骤 01 插入文件中的音频。选中首张幻灯片，在"插入"选项卡的"音频"组中，单击"文件中的音频"选项，如下图所示。

步骤 02 选择音频文件。在"插入音频"对话框中，选择要添加的音频文件，如下图所示。

步骤 03 完成音频文件的插入。单击"插入"按钮，稍等片刻即可在该幻灯片中显示音频播放器，如下图所示。

步骤 04 播放音频文件。在音频播放器中，单击"播放"按钮，即可播放音频，如下图所示。

步骤 05 插入剪贴画音频。在"音频"下拉列表中，选择"剪贴画音频"选项，如下图所示。

步骤 06 选择音频文件。在"剪贴画"窗格中，选择满意的音频文件，单击右侧下拉按钮，选择"插入"选项，此时在幻灯片中即可显示音频播放器，如下图所示。

步骤07 插入录制音频。在"音频"下拉列表中，选择"录制音频"选项，如下图所示。

步骤08 录制声音。在"录音"对话框中，单击"录制"按钮，此时用户可进行录音操作，录制完成后，单击"停止"按钮完成录音，如下图所示。

步骤09 完成插入操作。单击"确定"按钮，稍待片刻即可在幻灯片中显示音频播放器。

2 编辑音频文件

插入的音频文件是可根据用户需要进行编辑的，下面介绍具体方法。

步骤01 启动"剪裁音频"按钮。选中添加的音频文件，在"音频工具—播放"选项卡的"编辑"组中，单击"剪裁音频"按钮，如下图所示。

步骤02 剪辑音频。在"剪裁音频"对话框中，选中音频进度条上的滑块，并拖动其至满意位置，释放鼠标即可对当前音频剪辑，如下图所示。

步骤03 试听音频。音频剪辑完成后，单击"播放"按钮，则可对该音频进行试听操作，如下图所示。

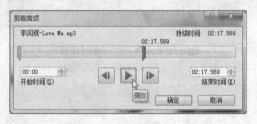

步骤04 设置音频播放类型。在"播放"选项卡的"音频选项"组中，单击"开始"下拉按钮，选择"跨幻灯片播放"选项，即可设置音频播放类型，如下图所示。

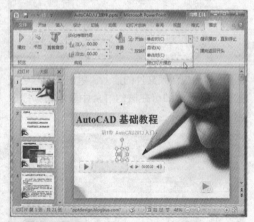

操作提示

设置音频播放音量

在"音频选项"组中，单击"音量"下拉按钮，勾选满意的音量选项，即可完成音频音量的设置。

步骤 05 隐藏音频播放器。在"音频选项"组中，勾选"放映时隐藏"复选框，隐藏播放器。

步骤 06 设置"书签"选项。播放音频文件，在"播放"选项卡的"书签"组中，单击"书签"下拉按钮，选择"添加书签"选项，如下图所示。

步骤 07 添加音频书签。选择完成后，在播放器进度条中会显示一个圆圈，如下图所示。

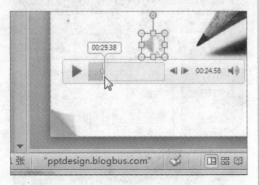

步骤 08 删除书签。在"书签"下拉列表中，选择"删除书签"选项，可删除音频书签，如下图所示。

步骤 09 设置音频格式。选中音频图标，在"音频工具—格式"选项卡的"图片样式"组中，选择满意的音频格式，可更改格式，如下图所示。

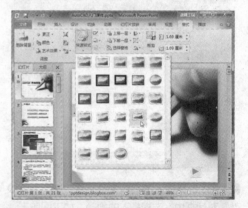

步骤 10 设置其他音频格式选项。用户也可在"调整"、"排列"和"大小"组中，对音频样式进行相关设置。

10.1.3 添加与编辑视频文件

视频文件的设置方法与音频文件类似。下面介绍具体操作方法。

❶ 插入新幻灯片

选中第十三张幻灯片，在"新建幻灯片"下拉列表中选择"标题和内容"选项，新建幻灯片，如下图所示。

步骤 01 插入新幻灯片。选中第十三张幻灯片，在"新建幻灯片"下拉列表中选择"标题和内容"选项，新建幻灯片，如下图所示。

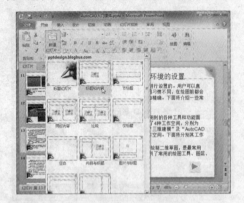

步骤 02 单击相关图标按钮。调整幻灯片版式，单击"插入媒体剪辑"图标按钮，如下图所示。

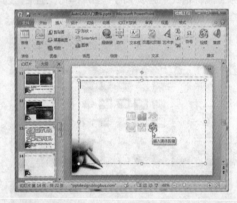

步骤 03 选择插入的视频文件。在"插入视频文件"对话框中，选择插入的视频，如下图所示。

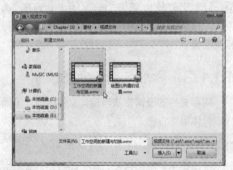

步骤 04 完成视频的插入。单击"插入"按钮，则在当前幻灯片中可显示视频，如下图所示。

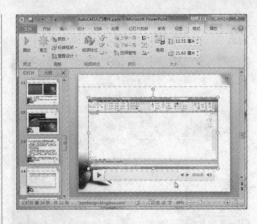

步骤 05 播放视频。在视频播放器中，单击"播放"按钮，播放该视频，如下图所示。

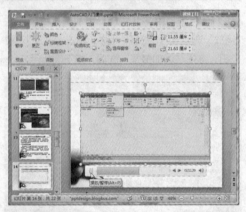

步骤 06 新建幻灯片。选中第二十一张幻灯片，新建"标题和内容"幻灯片，适当调整好版式。

步骤 07 插入视频。在"插入"选项卡的"媒体"组中，单击"视频"下拉按钮，选择"文件中的视频"选项，如下图所示。

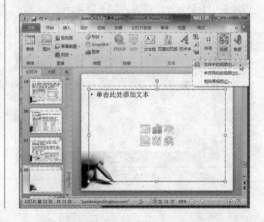

步骤 08 插入视频。在打开的"插入视频文件"对话框中，选择所需视频文件，单击"插入"按钮，完成视频文件的插入，如下图所示。

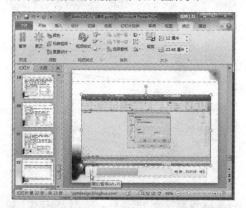

步骤 09 插入剪贴画视频。在"视频"下拉列表中，选择"剪贴画视频"选项，如下图所示。

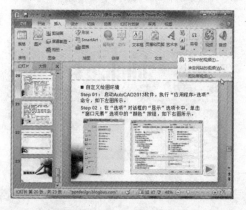

步骤 10 选择视频。在"剪贴画"窗格中，单击所需的动画视频文件，即可在幻灯片中显示该动画文件，按F5键运行动画，如下图所示。

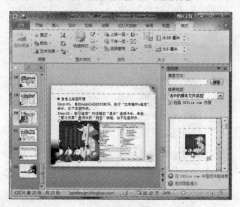

2 编辑视频文件

用户可根据需要对插入好的视频文件进行编辑，方法如下。

步骤 01 剪辑视频。选中视频文件，在"视频工具—播放"选项卡的"编辑"组中，单击"剪裁视频"按钮，如下图所示。

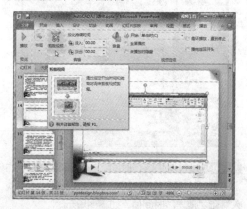

步骤 02 设置剪辑选项。在"剪裁视频"对话框中，将光标移至进度条的滑块上，拖动滑块则可剪辑当前视频，如下图所示。

操作提示

设置视频标牌框架

插入视频文件后，视频画面会显示第1帧的画面，但也许该画面不能很好的体现视频内容，此时需要使用"标牌框架"功能，在视频中，选择要显示的画面，在"调整"选项组中，单击"标牌框架"按钮，选择"当前框架"选项，此时被选中的画面已成为视频静止画面了。

步骤 03 设置视频选项。选中视频，在"视频选项"组中，用户可对视频的"音量"、"播放类型"以及"播放方式"等进行设置，如下图所示。

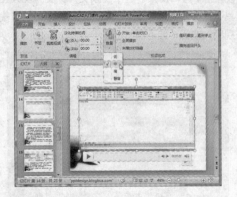

步骤 04 设置淡化持续时间。在"编辑"组中的"淡化持续时间"选项组中，用户可设置视频"淡入"和"淡出"时间值，如下图所示。

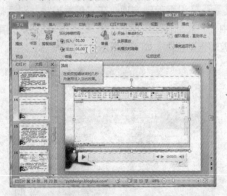

步骤 05 设置视频外观样式。选中视频文件，在"视频工具—格式"选项卡的"视频样式"组中，选择满意的外观样式，如下图所示。

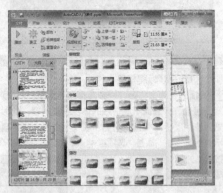

步骤 06 查看效果。选择完成后，被选中的视频文件在外观上已发生了变化，如下图所示。

步骤 07 设置视频边框颜色。在"视频样式"组中，单击"视频边框"下拉按钮，选择边框颜色，即可更改，如下图所示。

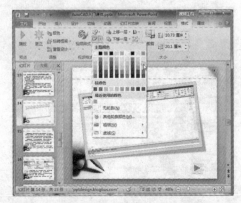

步骤 08 设置视频亮度和对比度。在"调整"组中，单击"更正"下拉按钮，选择满意选项，即可更改视频画面的对比度及亮度，如下图所示。

10.2 制作动感产品宣传文稿

之前介绍了如何在演示文稿中添加音频和视频文件。下面以制作新产品推广演示文稿为例，介绍如何将静态的演示文稿转化为动态文稿。本实例涉及到的主要命令有两种，分别为设置幻灯片动画效果和设置幻灯片切换效果。

10.2.1 设置封面幻灯片动画效果

封面动画好比是敲门砖，设计得精彩，可增强人们对该文稿的阅读兴趣。

1 动画类型介绍

PPT动画效果大致分为四种，分别为：进入动画、强调动画、退出动画以及路径动画。

● **进入动画**：该动画将文本或其他图形以出现、淡出、浮入等方式显示在幻灯片中。用户只需在"动画"选项卡的"动画"下拉列表中，选择进入动画效果即可，如下图所示。

操作提示
更改动画显示方式
在动画列表中，某些动画效果的显示方式是可根据需要更改的。用户只需选中某一种动画效果，然后单击"效果选项"下拉按钮，在其下拉列表中，选择满意的显示方式即可更改。

● **强调动画**：添加该动画后，在放映动画时，对象显示在幻灯片中，并以脉冲、螺旋、跷跷板等方式来强调该对象，主要是为了在幻灯片中突出该对象。用户只需在"动画"下拉列表的"强调"选项组中选择满意的效果即可，如下图所示。

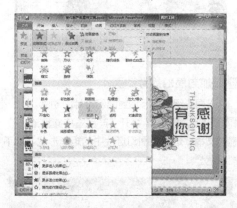

● **退出动画**：该动画是对象以飞出、消失、淡出等方式从幻灯片中消失。用户只需在"动画"下拉列表中的"退出"选项组中，选择满意的效果即可，如下图所示。

操作提示
设置更多动画效果
在"动画"列表中，除了选择默认的效果外，还可设置其他更多的效果。用户只需根据需要，选择"更多……效果"选项，并在打开的对话框中，选择动画效果即可。

● **路径动画**：添加动画后，幻灯片中的对象会以默认的路径方式运动。当然用户也可自定义动画路径。在"动画"下拉列表中的"动作路径"选项组中，选择满意的路径即可，如下图所示。

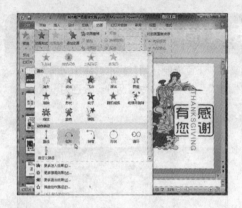

2 添加封面幻灯片动画

下面介绍如何添加封面幻灯片的动画。

步骤 01 选择矩形。打开"产品宣传文稿.pptx"素材文稿，选择封面幻灯片中的矩形形状，如下图所示。

步骤 02 添加飞入动画。切换至"动画"选项卡，在"动画"下拉列表中，选择"进入"选项组中的"飞入"效果，如下图所示。

步骤 03 查看效果。单击"动画"选项卡中的"预览"按钮，预览该动画，如下图所示。

步骤 04 设置效果选项。同样选中矩形形状，在"动画"组中，单击"效果选项"下拉按钮，在下拉列表中选择"自左侧"选项，如下图所示。

步骤 05 查看效果。单击"预览"按钮，此时矩形从左侧飞入幻灯片中，如下图所示。

步骤 06 显示动画序号。此时在矩形左上角会显示出相关的动画序号，这里显示为"1"，如下图所示。

步骤 07 选择产品商标。在该幻灯片中，选中产品商标图形，如下图所示。

步骤 08 添加缩放动画。在"动画"下拉列表中，选择"进入"选项组中的"缩放"效果，如下图所示。

步骤 09 查看效果。单击"预览"按钮，查看商标图形的缩放效果，此时在图形左上角处显示序号"2"，如下图所示。

步骤 10 添加浮入动画。在幻灯片中，选择仙女图形，在"动画"下拉列表中，选择"进入"选项组中的"浮入"效果，如下图所示。

步骤 11 设置效果选项。同样选中仙女图形，单击"效果选项"下拉按钮，选择"下浮"选项，如下图所示。

步骤 12 查看设置效果。选择完成后，在图形左上角处会显示序号"3"，然后单击"预览"按钮，系统将自动按照动画序号依次播放所有动画，如下图所示。

步骤 13 添加文本动画。在幻灯片中，选中标题文本框，在"动画"下拉列表中，选择"飞入"效果，然后在"效果选项"下拉列表中，选择"自左侧"选项，单击"预览"按钮，查看效果，如下图所示。

操作提示

为多段文本添加动画

若正文占位符或文本框中包含多段文字，对其设置动画效果后，系统将自动以段为单位依次播放动画，但其动画效果是相同的。

步骤 14 设置副标题动画。按照上一步操作，选中副标题文本，设置同样的动画效果。

步骤 15 添加浮云动画。选择幻灯片中的浮云图形，在"动画"下拉列表中，选择"形状"效果，然后在"效果选项"下拉列表中，选择"缩小"选项，如下图所示。

步骤 16 预览动画效果。单击"预览"按钮，此时系统将按照显示的动画序号，自动播放该幻灯片中所有的动画。

3 编辑动画效果

添加动画完成后，用户需要对一些动画参数进行必要设置。如设置动画顺序以及持续时间等。

步骤 01 启动动画窗格。在"动画"选项卡的"高级动画"组中，单击"动画窗格"按钮，启动该窗格，如下图所示。

操作提示

动画计时参数的设置

选择需要设置的动画效果的对象后，在"动画"选项卡的"计时"选项组中，用户可指定"持续时间"、"延迟"参数，来设置动画播放长度及动画等待时间。

步骤 02 选择计时选项。在该窗格中，选择"矩形7"选项，并单击该选项后的下拉按钮，选择"计时"选项，如下图所示。

步骤 03 设置持续时间。在"飞入"对话框中，单击"期间"下拉按钮，选择"中速（2秒）"选项，如下图所示。

步骤 04 查看效果。单击"确定"按钮，完成矩形"持续时间"的设置，单击"播放"按钮，预览效果，如下图所示。

步骤 05 设置"图片22"计时参数。单击"图片22"下拉按钮，切换至"计时"选项卡，在"缩放"对话框中，将"开始"设为"与上一动画同时"、"期间"设为"中速（2秒）"，如下图所示。

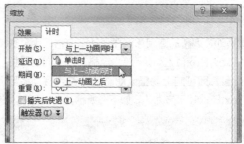

步骤 06 设置延迟时间。在"动画"选项卡的"计时"组中，单击"延迟"文本框，输入延迟时间值，完成设置，如下图所示。

步骤 07 设置"图片1"计时参数。在"动画窗格"中，单击"图片1"下拉按钮，选择"计时"选项，在"下浮"对话框中，将"开始"设为"上一动画之后"、"期间"设为"中速（2秒）"，如下图所示。

拖曳进度条设置延迟参数

除了在"计时"选项组中设置延迟时间，也可使用拖曳进度条的方法设置延迟时间，方法为：将光标移至所需进度条上，按住鼠标左键不放，当光标为双向箭头↔时，拖曳光标至满意位置，释放鼠标则可完成设置。

步骤08 调整动画顺序。 在"动画窗格"中，选择TextBox 17选项，单击窗格下方"向上"按钮↑，即可向上调整该动画的位置，将其移至TextBox13下方为止，如下图所示。

步骤09 设置标题计时参数。 选择TextBox13动画，打开"飞入"对话框，将"开始"设为"与上一动画同时"、"延迟"设为"1"、"期间"设为"中速（2秒）"，如下图所示。

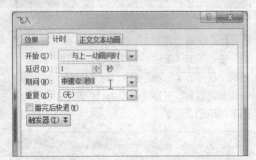

设置动画播放顺序的其他方法

以上介绍的是在动画窗格中进行动画顺序的设置操作。用户还可在"动画"选项卡的"计时"选项组中，单击"向前移动"或"向后移动"按钮，同样可设置播放顺序。

步骤10 设置副标题计时参数。 选择TextBox 17，同样打开"飞入"对话框，并将其按照如下图所示的参数进行设置，如下图所示。

步骤11 设置浮云计时参数。 选中"图片8"和"图片3"选项，并对计数参数进行设置，如下图所示。

步骤12 查看最终动画效果。 在"动画窗格"中，设置完所有动画参数，单击"播放"按钮，可预览该幻灯片最终效果，如下图所示。

10.2.2 设置内容幻灯片动画效果

设置封面幻灯片动画完成后，下面将对内容幻灯片动画进行设置。

步骤 01 复制仙女图片。选择第二张幻灯片，在首张幻灯片中复制仙女图片至该幻灯片中，并将其移至合适位置，如下图所示。

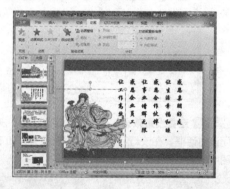

步骤 02 设置图片排序位置。选中仙女图片，单击鼠标右键，执行"置于底层"命令，并在其级联列表中选择"置于底层"选项，如下图所示。

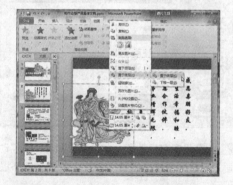

步骤 03 查看设置效果。选择完成后，仙女图片已移至商标图片下方，如下图所示。

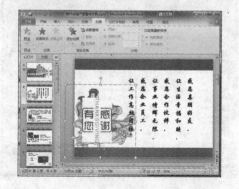

步骤 04 添加仙女图片动画。选中仙女图片，在"动画"下拉列表中，选择"飞入"效果，并将"效果选项"设为"自右上部"，如下图所示。

步骤 05 添加2个动画效果。同样选择仙女图片，在"动画"选项卡的"高级动画"组中，单击"添加动画"下拉按钮，在"退出"选项组中选择"浮出"选项，如下图所示。

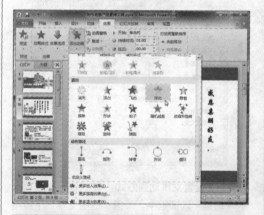

高手妙招

使用动画刷复制动画

通过动画刷复制动画效果是最快捷、最有效的方法。通常在同一幻灯片中添加多个动画效果时最有用。方法为：选择要复制的对象动画，在"动画"选项卡的"高级动画"组中，单击"动画刷"按钮，可将被选的动画复制到目标对象上。

步骤 06 添加文本动画。选中内容文本框，在"动画"下拉列表中，选择"飞入"选项，如下图所示。

步骤 07 打开"飞入"对话框。选中内容文本框，单击"动画"对话框启动按钮，打开"飞入"对话框，如下图所示。

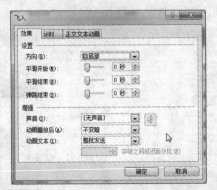

步骤 08 设置文本动画方式。在"效果"选项卡的"增强"选项组中，单击"动画文本"下拉按钮，选择"按字/词"选项，如下图所示。

步骤 09 设置延迟百分比。在"动画文本"下拉列表中，输入"延迟百分比"值，这里设为50，如下图所示。

步骤 10 查看设置效果。单击"确定"按钮，关闭该对话框，在该幻灯片中查看设置效果，如下图所示。

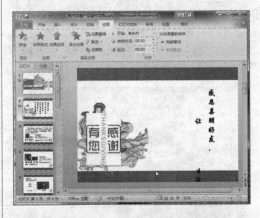

步骤 11 设置商标动画。选中商标图片，在"动画"下拉列表中，选择"淡出"效果，如下图所示。

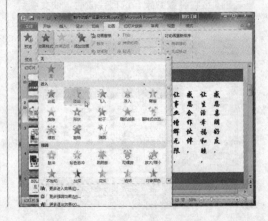

步骤 12 设置幻灯片动画参数。打开"动画窗格",对该幻灯片中的所有动画参数进行设置,结果如下图所示。

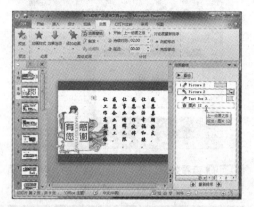

步骤 13 查看设置效果。单击"播放"按钮,查看该幻灯片中所有动画的效果,如下图所示。

步骤 14 添加第三张内容动画效果。选中第三张内容幻灯片,选中内容文本框,并为其添加"随机线条"效果,如下图所示。

步骤 15 添加其他动画效果。同上一步操作,添加该幻灯片中剩余图片及文本动画的效果,如下图所示。

步骤 16 设置动画参数。打开"动画窗格",并对其动画参数进行设置,如下图所示。

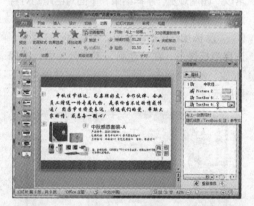

步骤 17 查看最终幻灯片动画效果。单击"播放"按钮查看该幻灯片最终动画效果,如下图所示。

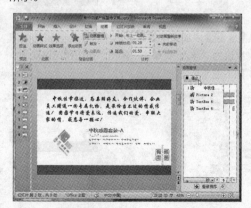

步骤18 设置其他内容幻灯片动画。按照以上添加和编辑动画的方法，设置剩余内容幻灯片的动画效果，下图为第八张内容幻灯片动画效果。

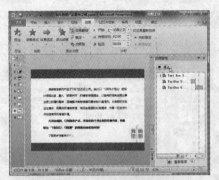

10.2.3 设置结尾幻灯片动画效果

相对来说，结尾幻灯片的制作较为简单，通常以"谢谢观赏"字样结束，下面对结尾幻灯片添加动画效果。

步骤01 添加结尾动画效果。在结尾幻灯片中，选择商标图形，在"动画"下拉列表中，选择"缩放"效果，单击"预览"按钮预览效果，如下图所示。

步骤02 添加文本效果。选中文本框，将动画效果设为"浮入"，单击"预览"按钮预览该动画，如下图所示。

步骤03 设置结尾动画参数。打开"动画窗格"，对该幻灯片中的动画计时参数设置，如下图所示。

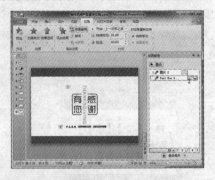

步骤04 查看效果。在"动画窗格"中，单击"播放"按钮，查看该幻灯片动画效果。

操作提示

关闭自动播放功能

若想关闭幻灯片自动播放功能，则可单击"幻灯片放映"选项卡上的"设置幻灯片放映"按钮，在"设置放映方式"对话框中的"换片方式"选项下，单击"手动"单选按钮即可关闭。

10.2.4 设置演示文稿切换效果

演示文稿动画设置完成后，用户可对该文稿的幻灯片添加切换效果，使整个演示文稿内容看起来更为丰富。

1 添加幻灯片切换效果

想要在演示文稿中添加切换效果，可在"切换"选项卡中进行相关的设置。

步骤01 添加百叶窗切换效果。选择首张幻灯片，切换至"切换"选项卡，在"切换到此幻灯片"下拉列表中，选择"百叶窗"效果，如下图所示。

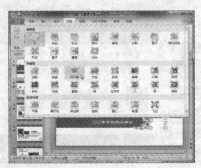

步骤 02 查看切换效果。单击"切换"选项卡中的"预览"按钮，预览该幻灯片切换效果，如下图所示。

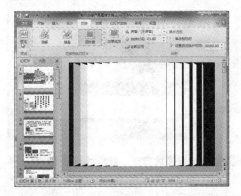

步骤 03 设置效果选项。在"切换"选项卡的"切换到此幻灯片"组中，单击"效果选项"下拉按钮，在其下拉列表中，选择"水平"选项，更改效果显示方式，如下图所示。

步骤 04 添加第二张幻灯片切换效果。选择第二张幻灯片，在"切换到此幻灯片"下拉列表中，选择"蜂巢"效果，如下图所示。

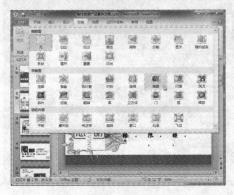

步骤 05 查看预览效果。单击"预览"按钮，查看该幻灯片切换效果，如下图所示。

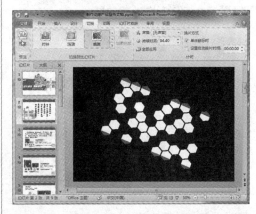

步骤 06 添加第三张幻灯片切换效果。选择第三张幻灯片，将切换效果设置为"门"效果，如下图所示。

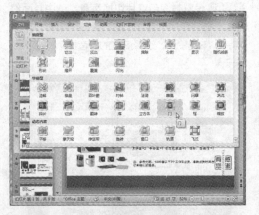

步骤 07 预览设置效果。单击"预览"按钮，预览该幻灯片切换效果，如下图所示。

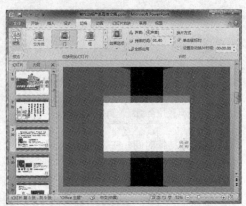

步骤 08 设置其他幻灯片切换效果。按照以上相同的方法,设置该文稿剩余幻灯片的切换效果,下图为第九张幻灯片的切换效果。

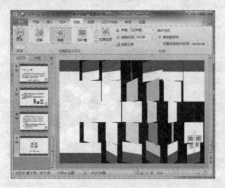

2 设置幻灯片切换效果参数

添加切换效果完毕后,用户可根据需要对其效果参数进行设置。

步骤 01 设置封面幻灯片切换声音。选中封面幻灯片,在"切换"选项卡的"计时"组中,单击"声音"下拉按钮,选择满意的声音选项,如下图所示。

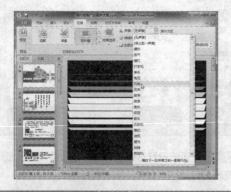

步骤 02 设置持续时间。在"计时"组中,单击"持续时间"文本框,并输入时间值,如下图所示。

步骤 03 设置换片方式。在"计时"组中的"换片方式"选项组中,用户可选择幻灯片切换的方式,如下图所示。

步骤 04 设置"全部应用"。用户可对每张幻灯片设置不同的切换效果,也可将演示文稿设为相同的切换效果。选择某一张幻灯片效果,在"计时"组中,单击"全部应用"按钮即可,如下图所示。

11

Chapter

使用PPT放映演示文稿

　　演示文稿制作完毕后，用户可根据需要对该文稿进行打印或播放操作。在PowerPoint 2010中，用户可对幻灯片的放映类型进行设置，或自定义放映方式，也可在不打开演示文稿的情况下直接放映。本章将介绍这些放映操作。通过对本章内容的学习，相信用户能够轻松自如地掌握幻灯片放映操作。

11.1 放映公司宣传演示文稿

在前面的章节中，我们已经制作好了一份公司宣传幻灯片。下面以该幻灯片为例，介绍如何运用PPT中相应的放映功能来对该幻灯片进行放映操作。在该案例中涉及到的命令有：排练计时、设置放映类型、自定义放映、打包及发布文稿等。

11.1.1 设置幻灯片放映类型

在PowerPoint 2010中，幻灯片的放映类型包括设置演讲者放映、观众自行浏览以及展台浏览三种类型。下面将对其操作进行讲解。

步骤01 打开设置对话框。打开"2013沃邦公司宣传.pptx"素材文件，在"幻灯片放映"选项卡的"设置"组中，单击"设置幻灯片放映"按钮，如下图所示。

步骤02 设置放映类型。在"设置放映方式"对话框中的"放映类型"选项组中，根据需要选择所需类型，默认选项为"演讲者放映（全屏幕）"，如下图所示。

步骤03 演讲者放映（全屏幕）。使用该选项放映演示文稿时，用户可采用人工或自动方式放映，

也可将演示文稿暂停或在放映过程中录制旁白，结果如下图所示。

步骤04 观众自行浏览（窗口）。在"放映类型"选项组中，单击"观众自行浏览（窗口）"单选按钮，此时文稿将以窗口形式放映。在放映过程中，用户只能对演示文稿进行简单控制，如下图所示。

操作提示
设置放映方式功能项   若选择"在展台浏览（全屏幕）"放映类型后，此时在"放映选项"选项组中的"循环放映，按ESC键终止"复选框为灰色不可用状态，此外"多监视器"功能也无法使用。

步骤05 在展台浏览（全屏幕）。单击"在展台浏览（全屏幕）"单选按钮，此时演示文稿可在不需要专人控制的情况下，自动放映演示文稿。

该方式不能手动放映幻灯片，但可通过单击幻灯片中的超链接和动作按钮来切换，如下图所示。

步骤 06 设置放映选项。在"放映选项"选项组中，用户可对该文稿相关的放映选项进行设置，如下图所示。

步骤 07 设置幻灯片放映范围。在"放映幻灯片"选项组中，用户根据需要选择演示文稿放映范围，如下图所示。

操作提示

设置激光笔

在幻灯片放映过程中，用户可将光标转换成激光笔。方法为：在幻灯片放映状态下，按Ctrl键后再按鼠标左键即可。释放Ctrl键及鼠标，则恢复光标样式。用户可在"设置放映方式"对话框中，对激光笔颜色进行选择设置。

步骤 08 设置切换方式。在"换片方式"选项组中，选择满意的切换选项，则可对幻灯片的切换方式进行设置，如下图所示。

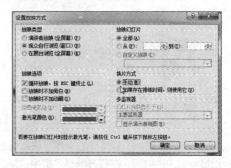

11.1.2 设置排练计时

若想对幻灯片的放映时间进行预先设置，可使用PPT中的排练计时功能，方法如下。

步骤 01 启动排练计时功能。在"幻灯片放映"选项卡的"设置"组中，单击"排练计时"按钮，启动该功能，如下图所示。

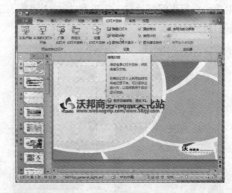

步骤 02 设置第一张幻灯片时间值。此时已进入幻灯片放映状态，在"录制"对话框中，系统将自动记录当前幻灯片放映的时间值，如下图所示。

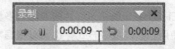

步骤 03 设置第二张幻灯片时间值。单击"下一项"按钮，可切换至第二张幻灯片，此时系统将重新记录第二张幻灯片的放映时间，如下图所示。

步骤 04 暂停录制。在该对话框中，单击"暂停录制"按钮，暂停当前记录时间，在打开的系统提示框中，单击"继续录制"按钮，可继续记录时间值，如下图所示。

步骤 05 完成录制。按照同样的操作，设置好其他幻灯片的放映时间，在打开的提示框中，单击"是"按钮，保留录制时间，如下图所示。

步骤 06 查看录制时间。在幻灯片浏览视图中，用户可在每张幻灯片左下角查看放映时间值，如下图所示。

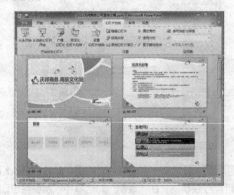

11.1.3 放映幻灯片

在PPT中，放映幻灯片的方法有多种。用户可使用默认的放映方式，也可以根据需要自定义放映。当然在幻灯片放映的过程中，用户可对放映的幻灯片进行编辑。下面将介绍具体操作方法。

① 从头开始放映

"从头开始"放映功能是默认放映方式，启动该功能后，系统将自动从首张幻灯片开始放映。

步骤 01 启动"从头开始"功能。在"幻灯片放映"选项卡的"开始放映幻灯片"组中，单击"从头开始"按钮，可启动该功能，如下图所示。

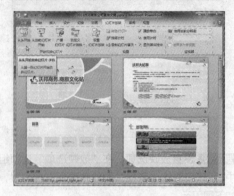

步骤 02 放映幻灯片。此时系统将转换至幻灯片放映状态，并按照幻灯片顺序，依次放映，如下图所示。

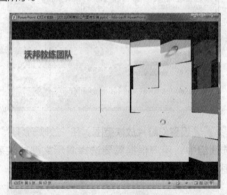

步骤 03 选择幻灯片。在幻灯片放映过程中，若想快速定位某幻灯片，只需单击鼠标右键，在快捷菜单中，执行"定位至幻灯片"命令，并在其级联菜单中，选择所需幻灯片，如下图所示。

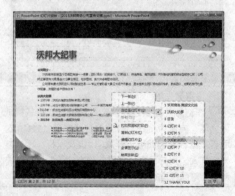

步骤 04 快速定位幻灯片。选择完成后，系统将快速定位至所选幻灯片，如下图所示。

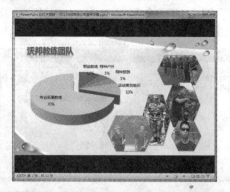

操作提示

使用功能键播放幻灯片

用户可按F5键可以快速从头开始播放幻灯片。而使用Shift+F5组合键，可从当前页面播放。

② 添加幻灯片标记

在PPT中，用户可在幻灯片放映过程中，使用墨迹功能对幻灯片进行注释标记。下面介绍操作方法。

步骤 01 选择选项。放映该幻灯片，单击鼠标右键，执行"指针选项"命令，并在其级联菜单中，选择合适的墨迹笔选项，如下图所示。

步骤 02 绘制墨迹。此时，当光标呈红色圆点形状时，按住鼠标左键不放，拖曳圆点至满意位置，释放鼠标则可绘制幻灯片墨迹，如下图所示。

步骤 03 保留墨迹。当退出幻灯片放映时，系统会打开相应的提示框，单击"保留"按钮，保留墨迹；单击"放弃"按钮，则可清除墨迹，如下图所示。

步骤 04 设置墨迹颜色。用户可对墨迹颜色进行设置。在右键快捷菜单中，执行"墨迹颜色"命令，并在其颜色列表中，选择满意的颜色，即可更改当前墨迹颜色，如下图所示。

操作提示

使用墨迹需注意

当幻灯片的放映类型为"观众自行浏览（窗口）"时，是无法使用墨迹功能的。当放映类型为"演讲者放映（全屏幕）"时，才可启动墨迹功能。

③ 自定义放映幻灯片

若有选择性地放映演示文稿，可使用"自定义幻灯片放映"功能进行操作，方法如下。

步骤 01 启动相关命令。在"幻灯片放映"选项卡的"开始放映幻灯片"组中，单击"自定义幻灯片放映"下拉按钮，选择"自定义放映"选项，如下图所示。

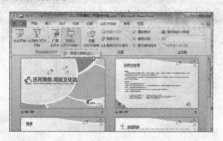

步骤 02 **新建放映名称。** 在"自定义放映"对话框中，单击"新建"按钮，如下图所示。

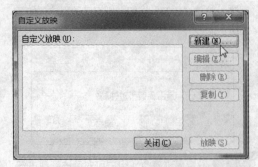

步骤 03 **输入放映名称。** 在"定义自定义放映"对话框中，设置好幻灯片放映名称，这里输入"沃邦公司宣传"字样，如下图所示。

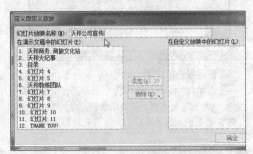

步骤 04 **选择放映的幻灯片。** 在"演示文稿中的幻灯片"列表中，按住Ctrl键，选择要放映的幻灯片，然后单击"添加"按钮，此时被选中的幻灯片已添加到"在自定义放映中的幻灯片"列表中，如下图所示。

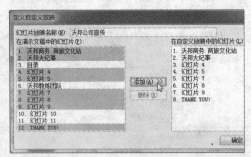

步骤 05 **设置放映顺序。** 在"自定义放映中的幻灯片"列表中，选择所需幻灯片，单击右侧"向上"或"向下"按钮，此时被选中的幻灯片顺序已发生了变化，如下图所示。

步骤 06 **删除多余幻灯片。** 在"自定义放映中的幻灯片"列表中，选择要删除的幻灯片，单击"删除"按钮，则可从该列表中删除，如下图所示。

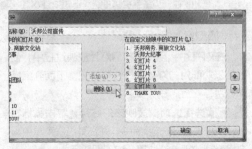

步骤 07 **完成设置。** 选择幻灯片完成后，单击"确定"按钮，返回上一层对话框，此时在"自定义放映"列表中，显示创建的文稿放映名称，如下图所示。

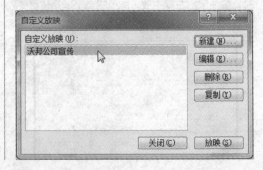

步骤 08 放映演示文稿。在该对话框中，单击
"放映"按钮，此时系统将按照定义的放映方式
进行放映，如下图所示。

步骤 09 选择名称放映文稿。退出放映操作后，
若想查看自定义放映效果，可在"幻灯片放映"
选项卡的"自定义幻灯片放映"下拉列表中，
选择要放映的文稿名称，放映该文稿，如下图
所示。

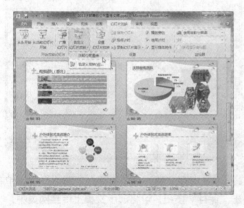

11.1.4 输出与打包演示文稿

　　演示文稿制作完成后，用户可根据需求对该
演示文稿进行输出操作。下面介绍几种常用的文
稿输出操作。

1 打印演示文稿

　　演示文稿制作完成后，用户可打印该文稿，
方法如下。

步骤 01 启动"页面设置"对话框。在"设计"
选项卡的"页面设置"组中，单击"页面设置"
按钮，打开相应的对话框，如下图所示。

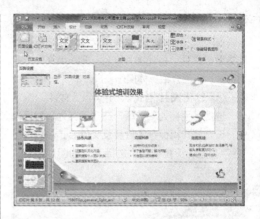

步骤 02 设置幻灯片大小。在"页面设置"对话
框的"幻灯片大小"列表中，选择满意的幻灯片
大小，如下图所示。

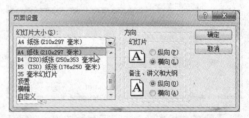

步骤 03 完成设置。用户也可在该对话框中，设
置其他页面参数，单击"确定"按钮，完成设置
幻灯片页面设置。

步骤 04 设置打印参数。切换至"文件"选项
卡，选择"打印"选项，在"打印"选项面板
中，用户可对打印份数、打印机型号以及打印页
数进行设置，如下图所示。

步骤 05 打印文稿。打印参数设置完成后，单击
"打印"按钮，可进行该文稿的打印操作。

2 设置幻灯片输出类型

在PPT中，用户可将演示文稿转换成其他各种类型的文件，例如图片文件、Flash文件以及网页等。下面介绍具体操作。

步骤 01 输出图片格式。切换至"文件"选项卡，选择"另存为"选项，在"另存为"对话框中，设置好文稿保存的位置及文件名，然后单击"保存类型"下拉按钮，选择满意的图片格式，如下图所示。

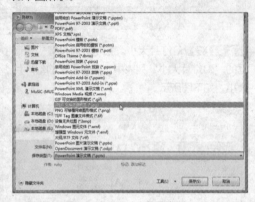

步骤 02 完成操作。单击"保存"按钮，在打开的系统提示框中，根据需要选择相应的选项，即可完成输出操作，如下图所示。

步骤 03 保存到Web。切换至"文件"选项卡，选择"保存并发送"选项，然后单击"保存到Web"按钮，如下图所示。

步骤 04 登录Windows live。单击"登录"按钮，在打开的登录界面中，输入帐号和密码，如下图所示。

步骤 05 选择保存选项。在打开的"保存到Microsoft skyDrive"界面中，选择"文档"选项，并单击"另存为"按钮，如下图所示。

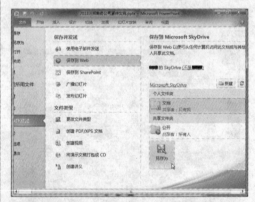

步骤 06 保存文稿。在"另存为"对话框中，单击"保存"按钮，可将演示文稿上传至网页中，如下图所示。

步骤 07 **登录相关网页。**保存完毕后，在返回的界面中，单击Windows Live SkyDrive链接选项，在打开网页中输入帐号和密码，如下图所示。

步骤 08 **打开网页。**在登录后的网页中，用户可查看到刚保存的演示文稿，如下图所示。

步骤 09 **查看演示文稿。**双击保存的演示文稿，在打开的网页中，查看文稿效果，如下图所示。

步骤 10 **输出PDF格式。**切换至"文件"选项卡，选择"另存为"选项，在打开的"另存为"对话框中，单击"保存类型"下拉按钮，选择"PDF（*.pdf）"选项，设置好保存位置，单击"保存"按钮即可完成操作。

步骤 11 **保存视频格式。**在"另存为"对话框中，设置好保存位置，在"保存类型"列表中，选择"Windows Media视频（*.wmv）"选项，如下图所示。

步骤 12 **完成视频输出操作。**此时在PPT状态栏中显示视频进度条，稍等片刻即可完成视频输出。单击进度条右侧"取消"按钮，可取消输出操作。

❸ 打包演示文稿

打包放映功能是为了使用户在没有安装PowerPoint软件的情况下，也能够正常观看演示文稿，操作如下。

步骤 01 **选择相关选项。**切换至"文件"选项卡，选择"保存并发送"选项，并在打开的设置界面中，选择"将演示文稿打包呈CD"选项，然后选择"打包成CD"选项，如下图所示。

步骤 02 创建CD名称。在"打包成CD"对话框中，输入CD名称，单击"选项"按钮，打开相应对话框，如下图所示。

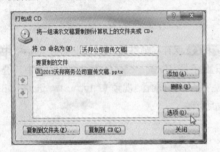

步骤 03 设置相关参数选项。在"选项"对话框中，根据需要设置参数选项，这里为默认设置，如下图所示。

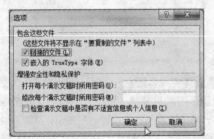

步骤 04 复制文件夹。单击"确定"按钮，返回上一层对话框，单击"复制到文件夹"按钮，然后在打开的对话框中，单击"浏览"按钮，如下图所示。

步骤 05 设置保存位置。在"选择位置"对话框中，设置好文稿保存位置，单击"选择"按钮，如下图所示。

步骤 06 显示复制进度。返回上一层对话框中，单击"确定"按钮，在打开的系统提示框中，单击"是"按钮，此时会显示文件复制进度，如下图所示。

步骤 07 打开演示文稿文件夹。复制完成后，系统自动打开相应的文件夹，此时已完成打包操作，如下图所示。

步骤 08 安装播放器。在没有安装PPT程序的电脑中，打开该文件夹，双击PresentationPackage文件夹，再双击PresentationPackage.html文件，打开相关网页，下载播放器并进行安装，可播放该演示文稿。

操作提示

AUTORUN.INF文件说明

打包文件夹中的AUTORUN.INF文件是自动运行文件，若用户是打包到CD光盘上的话，该文件具有自动播放功能。

11.2　制作生活礼仪演示文稿

　　生活中有许许多多的礼仪礼节需要我们注意。适当了解这些礼仪，可提升自己的涵养，并能够让自己在一些复杂社交关系中如鱼得水。下面综合运用PPT中的相关命令，制作生活礼仪常识的演示文稿。

1 设置幻灯片背景样式

　　启动PowerPoint 2010，新建幻灯片版式，并对其母版样式进行设置。

步骤01 新建标题幻灯片。启动PowerPoint 2010，在"开始"选项卡中，单击"新建幻灯片"下拉按钮，选择"标题幻灯片"选项，如下图所示。

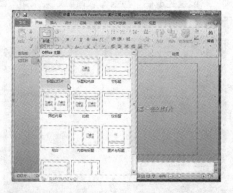

步骤02 打开母版视图。在"视图"选项卡的"母版视图"组中，单击"幻灯片母版"按钮，打开母版视图，如下图所示。

步骤03 打开背景格式对话框。选择第一张幻灯片母版，单击"背景样式"下拉按钮，选择"设置背景格式"选项，如下图所示。

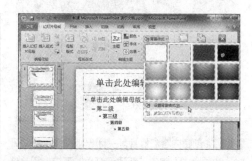

步骤04 选择背景图片。在"设置背景格式"对话框中，单击"图片或纹理填充"单选按钮，再单击"文件"按钮，选择背景图片，如下图所示。

步骤05 设置透明度。单击"插入"按钮，返回上一层对话框，拖动"透明度"滑块，调整图片透明度，如下图所示。

步骤 06 完成背景图片填充。单击"关闭"按钮，关闭对话框，此时幻灯片母版已添加了背景图片，如下图所示。

步骤 07 创建内容幻灯片。关闭母版视图，在"开始"选项卡中，单击"新建幻灯片"下拉按钮，选择"标题和内容"选项，如下图所示。

步骤 08 绘制矩形。选择"标题和内容"幻灯片，打开幻灯片母版视图，单击"矩形"命令，绘制矩形形状，如下图所示。

步骤 09 调整矩形透明度。选中矩形形状，单击鼠标右键，执行"设置形状格式"命令，在打开的对话框中，单击"颜色"下拉按钮，选择"白色"，并调整"透明度"滑块，如下图所示。

步骤 10 查看设置结果。设置矩形为"无轮廓"，设置完成后，查看母版背景效果，如下图所示。

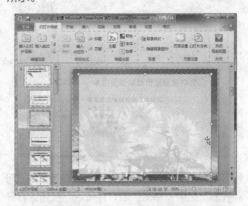

步骤 11 关闭母版视图。在该母版幻灯片中，选择页脚占位符，单击Delete键即可删除该占位符。然后单击"关闭母版视图"按钮，关闭母版视图，返回幻灯片视图，如下图所示。

2 设置标题幻灯片

幻灯片背景设置完成后，下面输入标题幻灯片内容。

步骤 01 删除副标题文本框。 选中首张幻灯片，并选中副标题文本框，按Delete键删除。

步骤 02 选择文本框底纹颜色。 选中标题文本框，向下移动至满意位置，然后在"绘图工具—格式"选项卡中，单击"形状填充"下拉按钮，并选择"渐变"选项，然后在"设置形状格式"对话框中设置渐变色，如下图所示。

步骤 03 输入标题内容。 设置完成后，即可查看标题文本框底纹效果，然后输入标题文本内容，如下图所示。

步骤 04 设置标题文本格式。 选中标题文本，在"字体"组中，设置好文本的字体、字号及字形，结果如下图所示。

3 设置正文幻灯片

下面对正文幻灯片内容进行设置，具体操作如下。

步骤 01 调整第2张幻灯片版式。 选中标题文本框，并将其移动至幻灯片左侧合适的位置，输入标题内容，如下图所示。

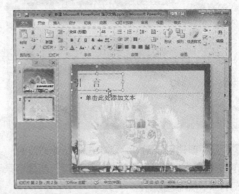

步骤 02 设置标题底纹。 选中标题文本框，在"形状填充"下拉列表中，设置底纹颜色，然后设置好文本的字体格式，如下图所示。

步骤 03 输入内容文本。选中内容文本框，输入引言内容，如下图所示。

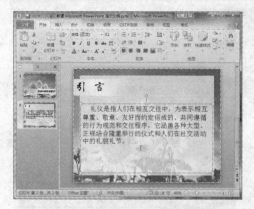

步骤 04 设置文本格式。选中该文本内容，在"字体"组中，对字体和字号进行设置，结果如下图所示。

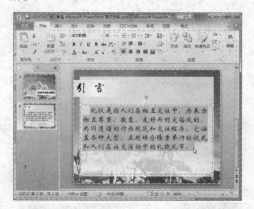

步骤 05 新建目录幻灯片。单击"新建幻灯片"下拉按钮，选择"标题和内容"选项，新建目录幻灯片，如下图所示。

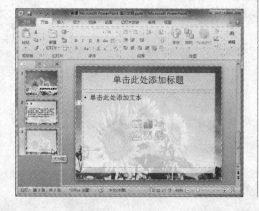

步骤 06 输入目录幻灯片内容。在该幻灯片中选择相应文本框，输入目录内容，如下图所示。

步骤 07 复制格式。选中"引言"幻灯片的"引言"文本框，单击"格式刷"按钮，将其格式复制到"目录"幻灯片的"目录"文本框中，结果如下图所示。

步骤 08 设置目录内容字体。选中目录内容，在"字体"组中，设置目录字体，结果如下图所示。

步骤 09 新建正文幻灯片。在"新建幻灯片"下拉列表中，选择"标题和内容"选项，新建一张幻灯片，并输入幻灯片内容，如下图所示。

步骤 10 设置正文幻灯片格式。使用"格式刷"功能，将"目录"格式复制到"一、仪态仪表礼仪"文本上，适当调整好其字号大小，如下图所示。

步骤 11 设置第五张~第六张幻灯片。按照以上同样的操作方法，制作第五张~第六张幻灯片内容，结果如下图所示。

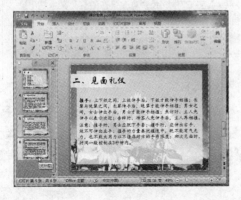

步骤 12 插入表格。新建第七张幻灯片，输入文档内容，在"插入"选项卡中，单击"表格"下拉按钮，插入2列4行表格，如下图所示。

步骤 13 输入表格内容。选中表格，将其移动至幻灯片合适位置处，输入表格内容，结果如下图所示。

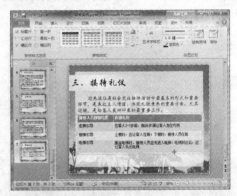

步骤 14 插入单元行。将光标放置在最后一单元行任意处，单击鼠标右键，执行"插入>在下方插入行"命令，如下图所示。

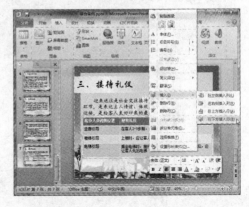

步骤15 设置表格格式。输入单元行内容，然后选中表格边框，在"表格工具—设计"选项卡的"表格样式"组中，选择满意的样式，如下图所示。

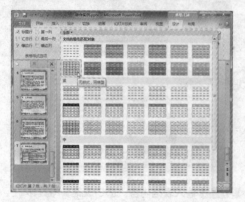

步骤16 设置文本对齐方式。选中表格所需单元格，在"表格工具—布局"选项卡的"对齐方式"组中，选择满意的对齐方式，如下图所示。

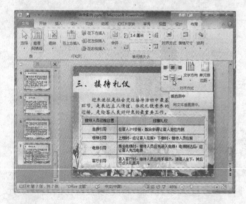

步骤17 完成表格制作。选中所需单元格文本，加粗显示单元格文本，如下图所示。

步骤18 设置第八张幻灯片。新建第八张幻灯片，调整好幻灯片版式，输入幻灯片内容，设置好其内容格式，结果如下图所示。

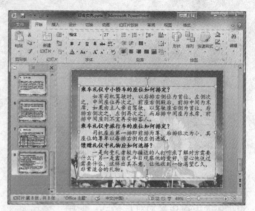

步骤19 添加项目符号。选中所需文本内容，单击"开始"选项卡的"项目符号"下拉按钮，选择需要的项目符号即可添加完成，如下图所示。

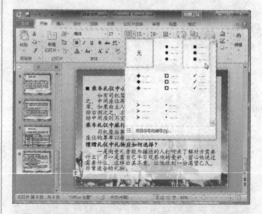

步骤20 创建第九张幻灯片内容。创建第九张幻灯片，输入好幻灯片内容及格式，如下图所示。

步骤 21 创建第十张幻灯片版式。新建第十张幻灯片，切换至"插入"选项卡，在"文本框"下拉列表中，选择"横排文本框"选项，创建空白文本框，输入文本内容。

步骤 22 选择插入图片。在占位符中，单击"插入图片"按钮，在"插入图片"对话框中，选择所需图片，如下图所示。

操作提示

占位符的种类
占位符还包括Excel表格、图标、音视频文件、剪贴画以及SmartArt图形。

步骤 23 调整图片大小。单击"插入"按钮，插入图片。然后选中图片任意控制点，按住鼠标左键，拖动其至满意位置，释放鼠标即可调整该图片的大小，如下图所示。

步骤 24 制作剩余幻灯片内容。按照以上操作方法，设置剩余幻灯片内容，如下图所示。

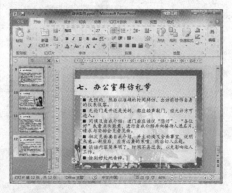

4 设置幻灯片超链接

在第三张幻灯片中进行链接，操作如下。

步骤 01 选择文本。在该幻灯片中，选择"一、仪态仪表礼仪"文本内容，如下图所示。

步骤02 打开超链接对话框。在"插入"选项卡中,单击"超链接"按钮,打开相应的对话框,如下图所示。

步骤03 选择链接幻灯片。在"链接到"列表框中,选择"本文档中的位置"选项,然后在"请选择文档中的位置"列表框中,选择"4.一、仪态仪表礼仪"幻灯片,如下图所示。

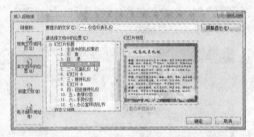

步骤04 完成操作。单击"确定"按钮,完成链接操作,如下图所示。

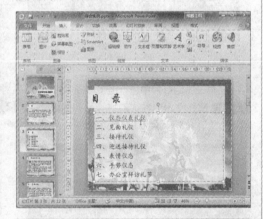

步骤05 设置"见面礼仪"链接。在"目录"幻灯片中,选择"二、见面礼仪"文本,在"插入超链接"对话框中,将该文本链接至相应的幻灯片中,如下图所示。

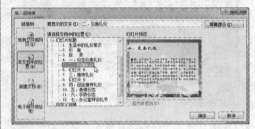

步骤06 完成操作。按"确定"按钮,完成该文本链接操作,结果如下图所示。

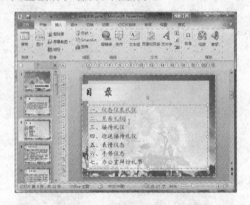

步骤07 完成其他文本链接操作。按照以上超链接的方法,完成"目录"幻灯片中其他文本的链接操作,如下图所示。

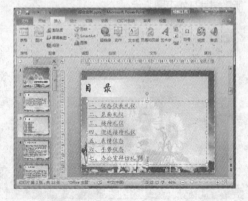

5 插入背景音乐

在首张幻灯片中,用户可对该演示文稿添加背景音乐,操作方法如下。

步骤01 启动音频功能。选择首张幻灯片，在"插入"选项卡中，单击"音频"下拉按钮，选择"文件中的音频"选项，如下图所示。

步骤02 选择音频文件。在"插入音频"对话框中，选择所需音乐文件，如下图所示。

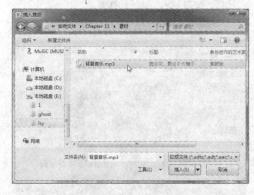

步骤03 插入音频。选择完成后，单击"插入"按钮，稍等片刻，即可完成音频文件的添加操作，如下图所示。

步骤04 打开音频剪辑对话框。选中添加的音频文件，在"音频工具—播放"选项卡的"编辑"组中单击"剪辑音频"按钮，如下图所示。

步骤05 剪辑音频。将光标移至音频进度条左侧滑块上，向右拖动滑块至满意位置，设置音乐起始位置，如下图所示。

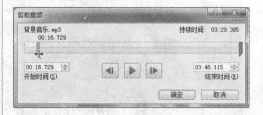

步骤06 完成设置。单击"播放"按钮，试听该音频文件，单击"确定"按钮，完成音频编辑设置。

步骤07 设置淡化持续时间。在"编辑"选项组中，设置好"淡入"和"淡出"时间值，如下图所示。

步骤 08 设置音频选项。在"音频选项"组中，将"开始"设为"跨幻灯片播放"，勾选"放映时隐藏"以及"循环播放，直到停止"复选框，如下图所示。

步骤 09 设置音频音量。单击"音量"下拉按钮，选择"中"选项，完成音频音量的设置，如下图所示。

6 添加幻灯片动画

下面为该演示文稿添加动画效果，操作方法如下。

步骤 01 选择动画效果。选择首张幻灯片中的标题文本框，单击"动画样式"下拉按钮，选择"飞入"动画效果，如下图所示。

步骤 02 设置效果选项。在"动画"组中，单击"效果选项"下拉按钮，选择"自右侧"选项，如下图所示。

步骤 03 设置"开始"选项。在"计时"组中，将"开始"设为"上一动画之后"选项，并将"持续时间"设为1秒，如下图所示。

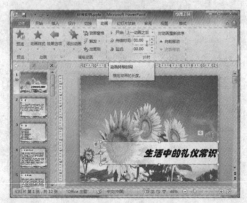

步骤 04 预览动画。单击"预览"组中的"预览"按钮，可预览动画，如下图所示。

步骤 05 添加第二张幻灯片动画。选择第二张幻灯片的标题文本框，在"动画样式"下拉列表中，选择"浮入"选项，如下图所示。

步骤 06 设置文本动画。选中内容文本框，将"动画样式"设为"翻转式由远及近"动画效果，如下图所示。

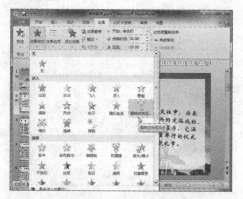

步骤 07 设置标题动画参数。在该幻灯片中，选中标题文本框，将"开始"设为"上一动画之后"，如下图所示。

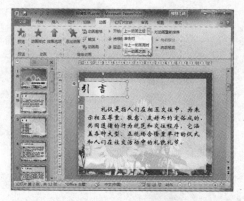

步骤 08 设置内容动画参数。在该幻灯片中，选择内容文本框，将"开始"设为"上一动画之后"，将"延迟"设为0.8秒，如下图所示。

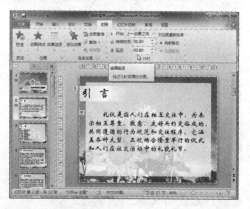

步骤 09 预览动画。单击"预览"按钮，可预览该幻灯片的动画效果，如下图所示。

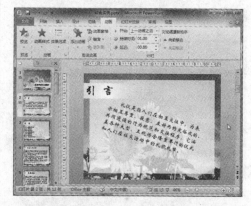

步骤 10 设置目录幻灯片动画。选中第三张幻灯片中的"目录"文本框，将其动画设为"浮入"效果，如下图所示。

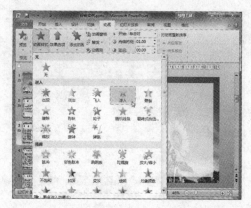

步骤 11 设置标题动画参数。在"计时"组中，将"开始"设为"上一动画之后"，如下图所示。

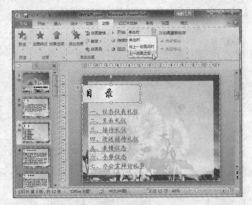

步骤 12 设置内容动画。选中内容文本框，将"动画样式"设为"飞入"效果，并将"效果选项"设为"自右下部"，如下图所示。

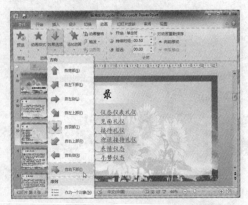

步骤 13 设置动画参数。选择该幻灯片的文本框，在"计时"组中，对动画参数进行设置，如下图所示。

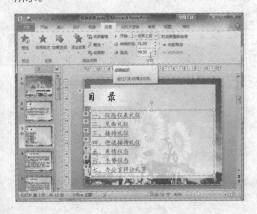

步骤 14 查看动画效果。单击"预览"按钮，预览该幻灯片动画效果，如下图所示。

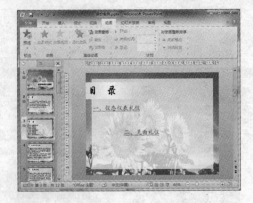

步骤 15 添加第四张幻灯片动画。选中第四张幻灯片标题文本框，将动画设为"浮入"效果，然后在"计时"组中，设置好动画参数，如下图所示。

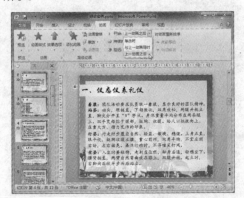

步骤 16 设置内容动画。将幻灯片内容设为"形状"效果、"效果选项"设为"缩小"，如下图所示。

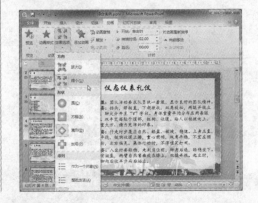

步骤 17 设置内容动画参数。选中内容文本框，在"计时"组中，设置好动画参数，如下图所示。

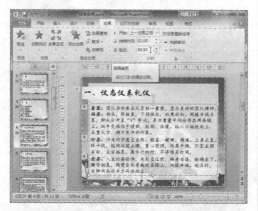

步骤 18 查看效果。单击"预览"按钮，查看该幻灯片动画效果，如下图所示。

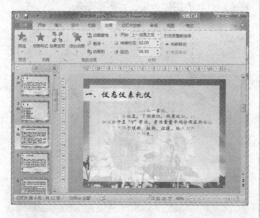

步骤 19 设置剩余幻灯片动画。选中剩余的幻灯片，设置不同的动画效果，并对其参数进行设置，如下图所示。

7 设置幻灯片切换效果

　　下面为该演示文档添加幻灯片的切换效果，具体操作如下。

步骤 01 选择切换效果。选中首张幻灯片，在"切换"选项卡的"切换效果"下拉列表中，选择"分割"选项，如下图所示。

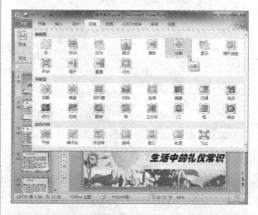

步骤 02 预览切换效果。在"切换"选项卡的"预览"组中，单击"预览"按钮，可预览该幻灯片的切换效果，如下图所示。

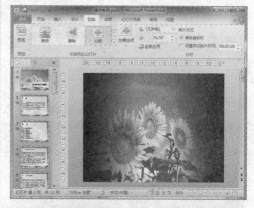

高手妙招

设置音频图标

　　PowerPoint 2010中的音频外观是以喇叭图标样式显示的，若想更换图标，只需在"音频工具—格式"选项卡的"调整"组中，单击"更改图片"按钮，在"插入图片"对话框中，选择新图标，单击"插入"按钮即可更改音频外观。

步骤 03 设置效果选项。在"切换到此幻灯片"组中，单击"设置选项"下拉按钮，选择"中央向上下展开"选项，如下图所示。

步骤 04 添加第二张幻灯片切换效果。选中第二张幻灯片，在"切换效果"下拉列表中，选择"溶解"效果，如下图所示。

步骤 05 设置效果选项。单击"预览"按钮，预览该幻灯片的切换效果，如下图所示。

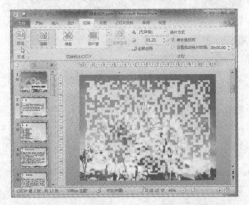

步骤 06 设置第三张幻灯片切换效果。选择第三张幻灯片，将切换效果设为"百叶窗"效果，如下图所示。

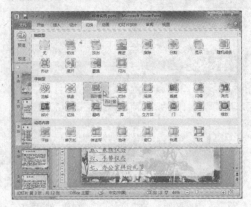

步骤 07 查看切换效果。单击"预览"按钮，查看该幻灯片的切换效果，如下图所示。

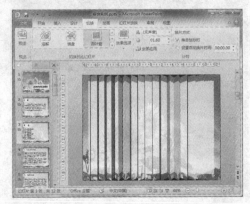

步骤 08 设置第四张幻灯片切换效果。选中第四张幻灯片，将切换效果设置为"蜂巢"选项，如下图所示。

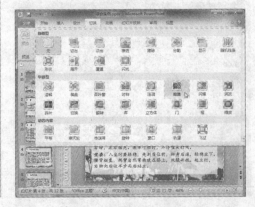

步骤 09 设置第三张幻灯片切换效果。选择第三张幻灯片，将切换效果设为"百叶窗"效果，如下图所示。

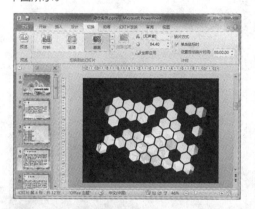

步骤 10 查看切换效果。单击"预览"按钮，查看该幻灯片的切换效果，如下图所示。

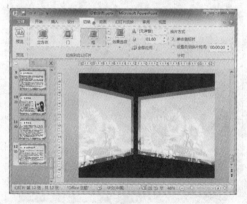

8 自定义放映幻灯片

演示文稿制作完成后，下面自定义其放映方式，方法如下。

步骤 01 打开"自定义放映"对话框。在"幻灯片放映"选项卡中，单击"自定义放映"按钮，如下图所示。

步骤 02 新建放映名称。在"自定义放映"对话框中，单击"新建"按钮，在打开的"定义自定义放映"对话框中，新建幻灯片名称。

步骤 03 选择幻灯片。在"在演示文稿中的幻灯片"列表框中，选择所需放映的幻灯片，并单击"添加"按钮，将其添加至"在自定义放映中的幻灯片"列表框中，如下图所示。

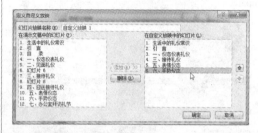

步骤 04 完成设置操作。单击"确定"按钮，返回"自定义放映"对话框，单击"放映"按钮，放映该演示文稿，如下图所示。

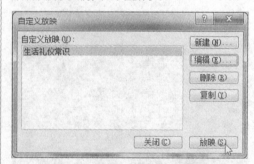

步骤 05 输出PDF格式。切换至"文件"选项卡，选择"另存为"选项，在"另存为"对话框中，设置好保存位置及名称，单击"保存类型"下拉按钮，选择"PDF（*.pdf）"选项，单击"保存"按钮，完成文稿的输出，如下图所示。

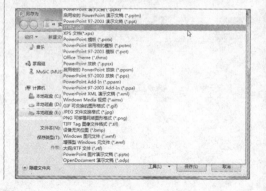

表现年轻与活力的休闲设计

标题

目录

内页

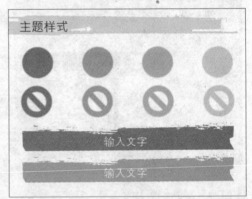

使用对象

表格

结束

12

Chapter

实现Word/Excel/PPT 数据共享

Word、Excel和PPT是Office系列中最常用的三大软件。用户除了可以单独使用这三款软件进行日常工作外，Office还提供了更为方便的协作功能。通过数据转换，使数据可以在软件中自由流通，方便用户规划文档结构，提高工作效率，取得更好的视觉效果。

12.1 Word与Excel之间的协作

Word是文字处理软件，而Excel是专门制作电子表格的软件。有些用户认为两者互不相干，其实在Word中使用Excel表格，或者是将Word数据转换成Excel表格，将会给用户在操作中提供更好的素材和更宽的思路。

12.1.1 在Word中使用Excel数据

在Word中使用Excel表格数据，方法有很多种，下面将介绍几种常用的方法。

① 复制粘贴

Office的复制和粘贴功能十分强大，除了在文档中外，在Office组件之间也可进行，具体步骤如下。

步骤01 选择Excel中的数据。打开"化妆品.xlsx"素材表，全选数据表格，单击鼠标右键，执行"复制"命令，如下图所示。

步骤02 粘贴数据。打开Word文档，指定好文本插入点，单击鼠标右键，执行"粘贴>保留源格式"命令，如下图所示。

操作提示

保留源格式粘贴

粘贴时选择"保留源格式"选项，或者直接使用快捷键Ctrl+V所粘贴的表格，都是静态的表。也就是说无论原始的Excel数据怎么变，在Word中粘贴的表格都不会变。

② 嵌入表格

Excel中的数据可进行各种计算，在Word中，如果要使用Excel表格的各种计算和统计功能，可以按照下面的方法进行。

步骤01 插入对象。打开Word文档，指定好文本插入点，在"插入"选项卡的"文本"组中单击"对象"按钮，如下图所示。

步骤02 配置对话框。在"对象"对话框中，选择"由文件创建"选项卡，单击"浏览"按钮，如下图所示。

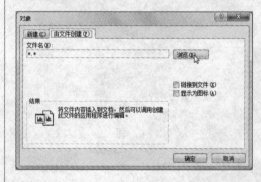

步骤 03 选择Excel文件。在"浏览"对话框中，选择需要插入的Excel文件，单击"插入"按钮，如下图所示。

步骤 04 完成插入。返回到"对象"对话框中，单击"确定"按钮，如下图所示。

步骤 05 表格修改。如果要修改Excel中的数据，可双击表格的任意单元格，此时，表格已变成Excel模式，其数据修改方式也与Excel的相同，结果如下图所示。

操作提示

在Word中使用Excel数据

在Word中也可以直接插入Excel样式的表格，直接进行数据的添加与计算。在"插入"选项卡中，单击"对象"按钮，在"对象"选项卡中，选

择"对象类型"为"Excel工作表"，单击"确定"按钮插入，如下图所示。

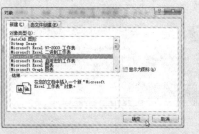

另外，嵌入表格时，勾选"链接到文件"复选框，Word会启动Excel对链接的源文件进行修改，如下图所示。

12.1.2 在Excel中使用Word数据

在Excel中，同样也可以使用Word中的数据。下面介绍具体的使用步骤。

1 使用复制、粘贴命令

最常用的是使用"复制"和"粘贴"功能将Word中的数据复制到Excel表格中。

步骤 01 复制Word中的数据。在Word中，选择所需的表格数据，右击鼠标，执行"复制"命令，如下图所示。

步骤 02 粘贴文档。在Excel文档中，选择任意单元格，然后单击鼠标右键，执行"保留源格式"命令，如下图所示。

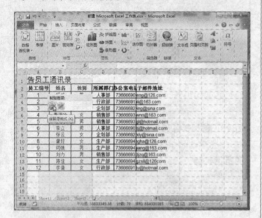

步骤 03 调整表格。适当调整表格的行距和列宽，即可完成插入操作，如下图所示。

操作提示

匹配目标格式粘贴

在进行数据粘贴时，选择"匹配目标格式粘贴"选项，可清除源格式中的各种文字样式。

2 嵌入Word文档

在Excel中也可嵌入Word中的表格，下面介绍如何使用"选择性粘贴"功能进行嵌入操作。

步骤 01 选择需要嵌入的数据。选中Word表格，单击鼠标右键，执行"复制"命令，如下图所示。

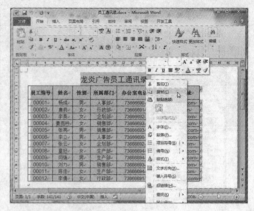

步骤 02 使用选择性粘贴。打开Excel文档，指定所需单元格，单击鼠标右键，执行"选择性粘贴"命令，结果如下图所示。

步骤 03 配置对话框。在"选择性粘贴"对话框中，选择"Microsoft Word文档对象"选项，单击"确定"按钮，如下图所示。

步骤 04 调整效果。完成粘贴后，适当调整表格的行距及列宽，完成嵌入操作，如下图所示。

步骤 05 编辑文档。双击该文档，即可进入编辑模式，然后，单击文档任意空白处，退出编辑模式，如下图所示。

12.1.3 实现Word与Excel数据同步更新

同步更新数据是指如果源数据被修改，那么引用了该数据的文档也会随之更改。

1 使用复制粘贴为源数据的同步

当Word引用Excel表格时，可以按照下面的方法进行同步设置。

步骤 01 复制Excel中数据。在Excel中，选择需要复制的表格数据，单击鼠标右键，执行"复制"命令，如下图所示。

步骤 02 粘贴到Word中。在Word中单击鼠标右键，执行"链接与保留源格式"命令，效果如下图所示。

步骤 03 修改源数据。在"化妆品"源文档中，将D2单元格数据改成"400"，如下图所示。

步骤 04 **更新数据。**此时在Word文档的任意空白处，单击鼠标右键，执行"更新链接"命令，结果如下图所示。

步骤 05 **查看效果。**完成后，可查看到对应的单元格数据已经随之变化，如下图所示。

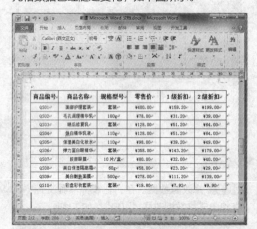

操作提示

重新打开文档更新

有时，用户对数据源进行了更新，在打开应用文档时，系统会提示数据源进行了更新，是否应用更新。此时单击"确定"按钮进行更新即可，如下图所示。

下面将对"链接"对话框中的相关选项进行说明。

在链接表格中，单击鼠标右键，执行"链接的工作表对象>链接"命令，如下图所示。

此时，在"链接"对话框中，单击"立即更新"按钮，数据会立即更新；单击"打开源"按钮，打开对应的源数据进行修改；单击"更改源"按钮，可重新定义源数据。如要将引用数据变成静态数据，可单击"断开连接"按钮，如下图所示。

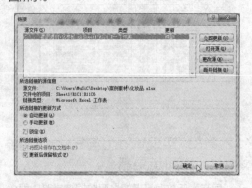

2 **使用选择性粘贴同步**

在粘贴时可以使用强大的"选择性粘贴"功能为数据实现同步。

步骤 01 **复制源数据。**打开Word文档，选择数据后，单击鼠标右键，执行"复制"命令。

步骤 02 **选择性粘贴。**打开Excel文档，单击鼠标右键，执行"选择性粘贴"命令。

步骤 03 **配置对话框。** 在"选择性粘贴"对话框中，单击左侧"粘贴链接"单选按钮，然后在"方式"列表框中，选择"Microsoft Word 文档对象"，如下图所示。

步骤 04 **查看数据。** 单击"确定"按钮。此时，数据进行了有链接的粘贴，如下图所示。

步骤 05 **修改源数据。** 双击Excel表格中粘贴的表格，系统自动打开源数据，修改数据即可，如下图所示。

步骤 06 **查看最终效果。** 返回到Excel表格中，此时，粘贴的数据已经实现了同步操作，如下图所示。

如果用户的确需要进行更改，可以按照下面的方法切换源文件。前提是在可以对源文件链接进行操作的情况下。

步骤 01 **启动链接对话框。** 在数据上单击鼠标右键，执行"链接的工作表对象>链接"命令，如下图所示。

步骤 02 **更改数据源。** 在"链接"对话框中，单击"更改源"按钮，选择更改的数据源，单击"确定"按钮即可更改，如下图所示。

12.2 PPT与Word/Excel之间的协作

在了解了PPT软件后，下面介绍PPT与Word/Excel之间的协作，包括PPT与Word文档的转化以及与Excel之间的转换。使PPT制作起来更为方便快捷。

12.2.1 Word与PPT间的协作

灵活运用Word与PPT之间的协作，可让用户快速制作PPT及Word文档，也可直接使用转换功能进行两者的转换。下面介绍具体的方法。

① 使用Word创建PPT演示文稿

用户如果要将在Word中编辑好的文档转换为PPT演示文稿，可按照以下方法操作。

步骤 01 新建文档。打开Word文档，选中标题，单击"开始"选项卡中的"快速样式"下拉按钮，选择"标题一"选项，如下图所示。

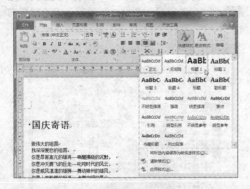

步骤 02 文字排版。按同样的方法将文章设置为"标题二、三"。然后适当美化文字，单击"文件"按钮，如下图所示。

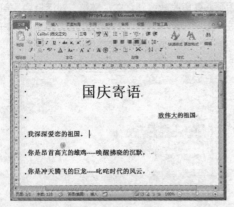

步骤 03 进入选项。在"文件"选项卡中选择"选项"选项，如下图所示。

步骤 04 设置选项。切换至"快速访问工具栏"选项面板，在"不在功能区中的命令"列表框中，选择"发送到Microsoft PowerPoint"选项，单击"添加"按钮，如下图所示。

步骤 05 发送到PPT。单击"确定"按钮，然后单击"快速访问工具栏"中的"发送"按钮，如下图所示。

步骤 06 **最终效果。**选择后，系统自动启动PPT软件，并将Word中的文字转化为PPT，结果如下图所示。

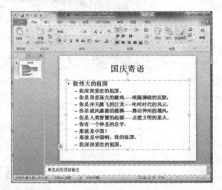

② 使用命令导入Word文档

除了使用"发送"功能以外，用户也可以使用导入功能进行协作。

步骤 01 **新建大纲视图文档。**新建Word文档大纲视图，如下图所示。

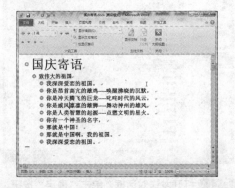

步骤 02 **打开PPT。**新建PPT文档，单击"新建幻灯片"下拉按钮，选择"幻灯片（从大纲）"选项，如下图所示。

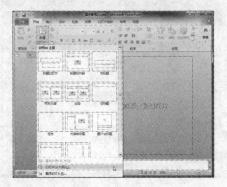

步骤 03 **完成导入。**在打开的对话框中，选择所需要的Word文档，完成导入操作，如下图所示。

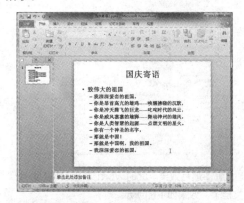

③ 运用"打开"命令操作

下面将使用"打开"功能进行操作。

步骤 01 **完成Word文档大纲视图。**新建Word文档，使用大纲视图进行编辑，完成后保存，如下图所示。

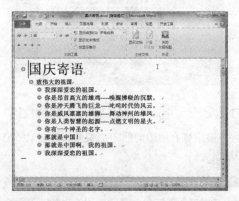

步骤 02 **新建PPT。**新建PPT文档，选择"文件"选项卡下的"打开"选项，如下图所示。

步骤 03 完成配置。 在打开的对话框中，将"文件类型"设为"所有大纲"，单击"打开"按钮，如下图所示。

步骤 04 最后效果。 此时Word文档已转换成PPT文档了，效果如下图所示。

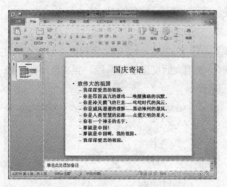

12.2.2 将PPT讲义导入Word中

接下来介绍如何把PPT文稿转换成Word格式。

1 使用发送命令进行发送

"发送"是转化时最常使用的功能，下面介绍具体操作。

步骤 01 打开PPT文件。 打开PPT文件，单击"文件"按钮，如下图所示。

步骤 02 打开选项。 在"文件"对话框中，选择"选项"选项，如下图所示。

步骤 03 配置选项。 选择快速访问工具栏选项面板，在"不在功能区中的命令"列表框中，选择"使用Microsoft Word创建讲义"选项，然后单击"添加"按钮，如下图所示。

步骤 04 打开发送对话框。 单击"确定"按钮，返回主界面，在快速访问工具栏中，单击"发送"按钮，如下图所示。

步骤 05 **完成对话框。** 在"发送到Microsoft Word"对话框中，选择满意的样式，单击"确定"按钮，如下图所示。

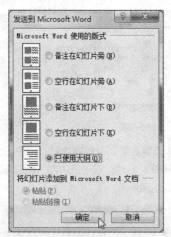

步骤 06 **查看最终效果。** 选择完成后，则可对转换的PPT文档进行编辑了，如下图所示。

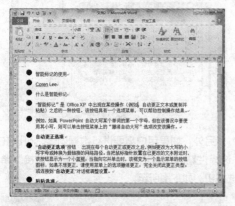

2 使用插入对象命令

使用插入对象功能可快速插入PPT文档。下面介绍具体操作。

步骤 01 **新建Word文档。** 新建Word文档，打开后，单击"插入"选项卡中的"对象"按钮，如下图所示。

步骤 02 **打开选项卡。** 在"对象"对话框中，切换至"由文件创建"选项卡，单击"浏览"按钮，如下图所示。

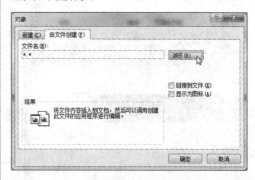

步骤 03 **插入文件。** 选择需要插入的文件，单击"插入"按钮，如下图所示。

步骤 04 **完成配置。** 返回到"对象"对话框中，单击"确定"按钮，如下图所示。

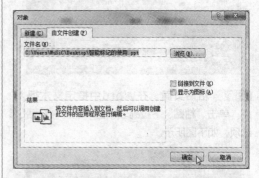

操作提示

插入对象的选项设置

链接到文件指将文件内容插入到当前文档，修改源文件时当前内容也会修改。显示为图标指的是插入内容仅以文件图标显示。

步骤 05 查看效果。设置完成后，可在Word中看到PPT的界面，如下图所示。双击该图片，系统将自动调用PPT并进行演示。

3 使用复制粘贴命令

使用复制粘贴命令可快速将PPT文件复制到Word中。

步骤 01 复制页面。打开PPT，在所需要复制的幻灯片上，单击鼠标右键，执行"复制"命令，如下图所示。

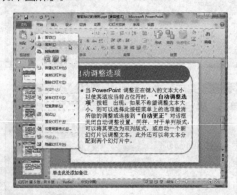

步骤 02 粘贴页面。在Word中指定文本插入点，单击"粘贴"下拉列表中的"选择性粘贴"选项，如下图所示。

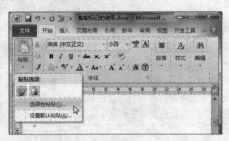

步骤 03 配置对话框。在"选择性粘贴"对话框中，选择"使用Microsoft PowerPoint Slide对象"选项，单击"确定"按钮，如下图所示。

步骤 04 查看效果。设置完成后，用户可查看到插入的PPT幻灯片，双击该内容，可对页面进行修改，如下图所示。

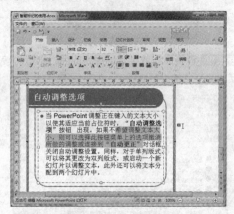

另外，如果用户需要进行数据同步，可以在"选择性粘贴"对话框中，单击"粘贴链接"单选按钮，如下图所示。

操作提示

粘贴的区别

选择性粘贴可插入PPT控件，也可直接放映PPT或是修改单独的幻灯片。但是如果使用右键菜单中的粘贴，得到的仅仅是一幅图片。用户可以根据实际需要选择粘贴的类型。

12.2.3 Excel与PPT间的协作

Excel可按照用户的要求，将表格与图表加入PPT。下面介绍具体步骤。

1 嵌入命令

使用嵌入命令可快速将Excel表格嵌入到PPT中，操作如下。

步骤01 打开PPT文件。新建PPT文件，删除文本框，单击"插入"选项卡下的"对象"命令，如下图所示。

步骤02 完成配置。在"插入对象"对话框中，单击"由文件创建"单选按钮，选择Excel文件后，单击"确定"按钮，如下图所示。

操作提示

插入对象选项说明

勾选"链接"复选框指将图形文件插入到演示文稿中，该图片是一个指向文件的快捷方式。所以对该文件的修改也会反映在演示文稿中。

步骤03 最终效果。设置完成后，结果如下图所示。用户可以按照需要调整表格大小，双击后可以调出Excel插件进行实时编辑。

2 使用复制粘贴命令

使用复制粘贴命令可将静态的表格粘贴到PPT中，方法如下。

步骤01 复制表格。打开Excel表格文件，选择需要的表格内容，单击鼠标右键，执行"复制"命令。如下图所示。

步骤02 粘贴表格。新建PPT文件，删除文本框后，单击鼠标右键，执行"粘贴>使用目标样式"命令，如下图所示。

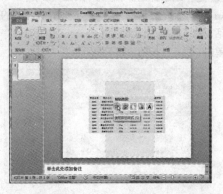

设置粘贴选项

如果选择 "嵌入"选项，如下图所示，可将
数据直接嵌入到PPT中。所得结果与使用"嵌入"
命令作用相同。

❸ 使用选择性粘贴选项

使用选择性粘贴可以实现更多功能，方法
如下。

步骤01 **复制表格。** 打开Excel表格，选择所需
数据，单击鼠标右键，执行"复制"命令，如下
图所示。

步骤02 **配置界面。** 在PPT文档中，选择"粘
贴"选项下的"选择性粘贴"选项，在打开的对
话框中，选择"Microsoft Excel工作表对象"，
单击"确定"按钮，如下图所示。

步骤03 **完成操作。** 设置后，界面如下图所示。
同"嵌入"效果相同。如果需要数据同步，可在
上一步操作中，单击"粘贴链接"单选按钮。

粘贴时的选择

如果用户不能确定粘贴类型，可以在粘贴图
上暂停光标，文档会提供预览状态。

12.2.4 将Excel图表插入PPT中

Excel中的数据也许不太直观，其实图表也
是可以插入到PPT中的。

❶ 快速插入图表

下面介绍如何快速将Excel图表插入到PPT
中的方法。

步骤01 **复制图表。** 打开Excel示例文件，单击
鼠标右键，执行"复制"命令，如下图所示。

步骤02 **粘贴图表。** 在PTT中，单击鼠标右键，
执行"粘贴>使用目标主题和嵌入工作簿"命
令，如下图所示。如果需要进行数据同步，可执
行"使用目标主题和链接数据"命令。

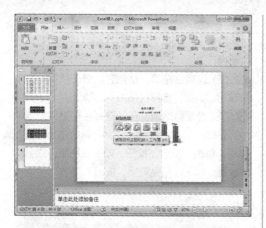

步骤 03 最终效果。调整图表大小和位置，可以看到最终效果，如下图所示。

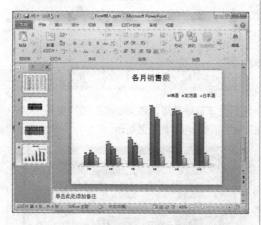

完成了图表后，在"图表工具—设计"选项卡中，可对图表进行修改该和美化。单击"编辑数据"按钮，可启动Excel，对源数据进行修改，如下图所示。

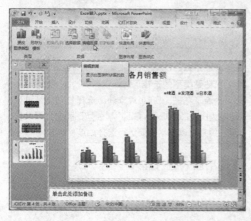

单击"选择数据"按钮，启动Excel表格对源数据进行选择，如下图所示。

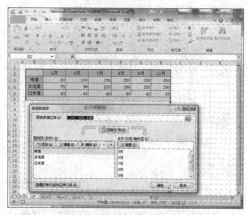

2 使用PPT快速建立图表

用户若感觉操作繁琐，可直接使用PPT软件创建或编辑图表。

步骤 01 插入图表。在PPT软件中，单击"插入"选项卡中的"图表"按钮，如下图所示。

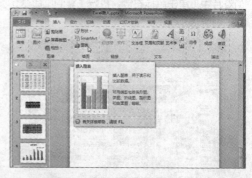

步骤 02 选择图表。在"插入图表"对话框中，选择满意的图表，单击"确定"按钮，如下图所示。

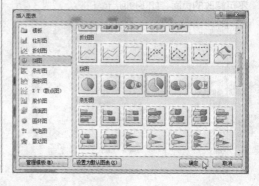

步骤 03 修改数据。此时在PPT中，将自动生成一张图表，而在打开的Excel表格中，可直接对数据进行修改，如下图所示。

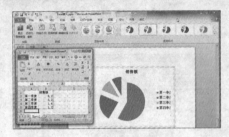

12.2.5 将PPT插入到Excel 表格中

在了解了Excel表格套用到PPT后，下面介绍使用PPT插入到Excel中的方法。

1 复制粘贴

使用复制粘贴命令可进行快速粘贴操作。

步骤 01 选择复制命令。打开PPT文档，在所需幻灯片中，单击鼠标右键，执行"复制"命令，如下图所示。

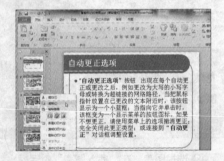

步骤 02 粘贴文档。在Excel中，指定好文本插入点，单击鼠标右键，执行"粘贴"命令，插入不可修改的页面，如下图所示。

2 选择性粘贴

如果要插入可修改的PPT幻灯片，可按以下方法操作。

步骤 01 选择粘贴项。粘贴时，单击"粘贴"下拉按钮，选择"选择性粘贴"选项。

步骤 02 设置粘贴项。在"选择性粘贴"对话框中，选择"Microsoft PowerPoint Slide对象"选项，单击"确定"按钮，如下图所示。如要同步数据，单击"粘贴链接"按钮。

步骤 03 最终效果。如果要修改PPT页面，双击页面内容即可，如下图所示。

操作提示

粘贴类型的选择

除了粘贴为Slide对象外，选择性粘贴还可以粘贴为PNG、JPEG、GIF、增强型图元文件以及位图，用户可以根据需要进行选择。

3 使用嵌入进行插入

使用"嵌入"命令可以快速插入PPT演示文稿中。下面介绍具体操作。

步骤 01 新建Excel文档。打开Excel文档，指定好文本插入点，单击"插入"选项卡中的"对象"按钮，结果如下图所示。

步骤 02 配置对话框。在"对象"对话框中，单击"由文件创建"选项卡中的"浏览"按钮，如下图所示。

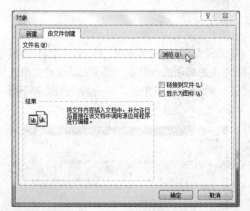

步骤 03 插入文件。在"选择文件"对话框中，选择所需要插入的PPT文档，单击"插入"按钮，如下图所示。

步骤 04 完成配置。单击"对象"对话框中的"确定"按钮，完成插入，如下图所示。

步骤 05 修改PPT。双击PPT文档，即可进行演示。若要修改，在文档上单击鼠标右键，执行"演示文稿对象>编辑"命令，如下图所示。

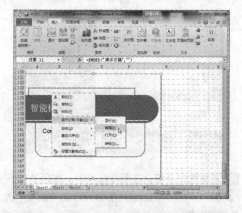

步骤 06 编辑PPT。此时，系统会使用嵌套打开PPT文档，用户可直接在Excel中对演示文档进行编辑操作，如下图所示。

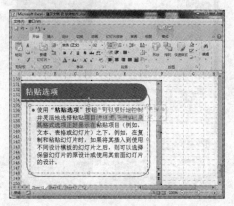

12.3 Outlook 2010的应用

Office Outlook 2010是Microsoft office 2010套装软件的组件之一，它对Windows自带的Outlook express的功能进行了扩充。Outlook的功能很多，可以用它来收发电子邮件、管理联系人信息、记日记、安排日程以及分配任务。

12.3.1 Outlook 2010的启动和配置

在使用Outkook前，需要对Outlook进行配置，下面介绍其具体过程。

🔢 Outlook 2010的启动

下面介绍Outlook 2010的启动设置。

步骤 01 打开"开始"菜单。启动"开始"菜单，选择"所有程序"选项，如下图所示。

步骤 02 选择图标。在所有程序中，选择"Microsoft office>Microsoft Outlook 2010"选项，即可启动，如下图所示。

🔢 Outlook 2010的配置

首次使用Outlook 2010时，需要进行设置，下面介绍具体方法。

步骤 01 进入启动界面。启动Outlook 2010后，自动弹出配置界面，单击"下一步"按钮，如下图所示。

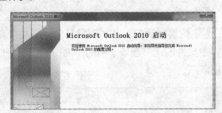

步骤 02 配置电子邮件帐户。Outlook 2010需要同用户的邮箱进行绑定，便于发送信件。单击"是"单选按钮，并单击"下一步"按钮，如下图所示。

步骤 03 配置选项。在配置界面中，输入"姓名"、"邮件地址"以及"密码"。完成后，单击"下一步"按钮，如下图所示。

步骤 04 安装组件。系统提示需要安装Hotmail Connector，单击"立即安装"按钮，如下图所示。

步骤 05 验证配置。系统自动连接到配置的服务器并进行验证。完成后，单击"完成"按钮，如下图所示。

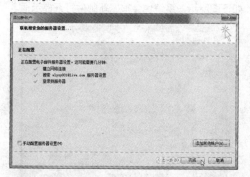

步骤 06 打开主界面。完成连接后，系统自动弹出Outlook 2010主界面，如下图所示。

操作提示

设置账户信息
用户在Outlook 2010界面中启动"文件"选项卡，在"信息"选项的右侧可以查看到当前的账户信息。用户可以设置当前账户或添加新账户。

12.3.2 使用Outlook 2010 收发邮件

启动了Outlook后，就可以进行邮件的收发了。下面介绍收发的步骤。

步骤 01 打开写信界面。在Outlook中，单击"开始"选项卡中的"新建电子邮件"按钮，如下图所示。

步骤 02 填写内容。在"邮件"对话框中，填写收件人地址，主题以及内容等，结果如下图所示。

步骤 03 添加附件。邮件允许将文件作为附件进行发送，在界面中，单击"插入"选项卡中的"添加文件"按钮，如下图所示。

步骤 04 插入文件。在"插入文件"对话框中，选择需要发送的文件，单击"插入"按钮，如下图所示。

步骤 05 发送邮件。添加完附件后，单击"发送"按钮，发送邮件，如下图所示。

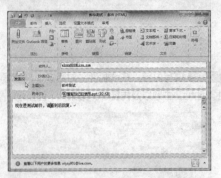

12.3.3 接收及阅读邮件

用户现在不需要登陆对应的网络邮箱进行邮件的接收和阅读，可以直接使用Outlook 2010进行。Outlook 2010会定时接收邮箱中的邮件，下面介绍如何手动接收的操作方法。

步骤 01 使用命令接收。在软件主界面中的"发送/接收"选项卡中，单击"发送/接收所有文件夹"按钮，如下图所示。

步骤 02 启动程序。系统自动启动收发程序，如下图所示。用户需稍等片刻。

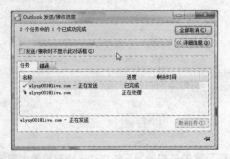

步骤 03 查看收到的文件。在主界面中，可查看所有的邮件，根据图标可判断是否进行过阅读，如下图所示。系统也会根据新邮件打开提示框。

步骤 04 阅读邮件。单击未阅读的邮件，系统会打开相应的文档，如下图所示，此时用户可进行阅读。

操作提示

阅读邮件

用户可以双击邮件标题来打开新窗口阅读邮件。由于安全的问题，Outlook会默认屏蔽掉图片内容。用户可以单击标题下的警告条来启用图片，进行浏览。

步骤 05 读取附件。如果信件中包含附件，而且是Office的附件，用户可在附件上单击鼠标，系统会自动打开该附件，如下图所示。

步骤 06 保存附件。如果用户需要该附件，可在"附件工具"选项卡中，单击"另存为"按钮，选择路径进行保存，如下图所示。

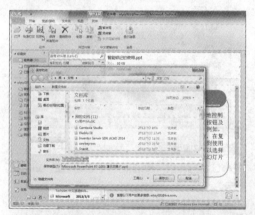

12.3.4 使用Office发送邮件

Office软件支持文档作为邮件直接发送，下面介绍具体方法。由于Word 、Excel和PPT发送邮件的过程都类似。下面以Word为例介绍邮件的发送过程。

步骤 01 新建Word文档。建立Word文档后，完成编辑，切换至"文件"选项卡，如下图所示。

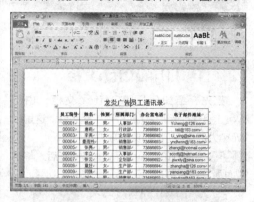

步骤 02 选择命令。在"保存并发送"的"使用电子邮件发送"选项面板中，单击"作为附件发送"按钮，如下图所示。

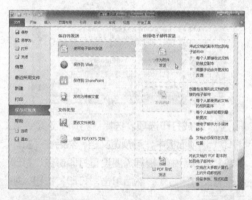

步骤 03 完成配置。在打开发信界面中，按照提示完成配置，此时系统已自动将该文档作为附件进行了加载，单击"发送"按钮，如下图所示。

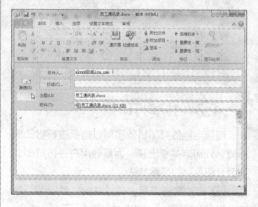

12.4 打印机的使用

编辑好Office文档后，用户可将文档进行打印输出了。下面介绍打印机的使用方法。

12.4.1 打印Office文档

首先介绍如何打印Office文档。由于Word、Excel和PPT的打印步骤类似。这里以Word为例介绍打印的具体方法。

步骤 01 启动打印。编辑好Word文档后，单击"文件"标签，如下图所示。

步骤 02 完成打印选项。选择"打印"选项，在"打印"选项面板中，可预览文档，然后在"打印参数"选项组中，根据需要设置打印份数、打印机型号及打印方式，然后单击"打印"按钮，如下图所示。

12.4.2 共享打印机

连接电脑的打印机除了可以自己进行打印操作外，还可以共享出来，为其他用户进行打印。下面介绍具体的设置方法。

步骤 01 启动配置页面。在"开始"菜单中，单击"设备和打印机"按钮，如下图所示。

步骤 02 启动配置属性。在打印机上单击鼠标右键，选择"打印机属性"选项，如下图所示。

步骤 03 配置共享。在"共享"选项卡中，勾选"共享这台打印机"复选框即可完成设置，如下图所示。

附录

341~344

appendix

高效办公实用快捷键列表

为了能够更好提高工作效率，在附录中我们将Word、Excel、PowerPoint常用的快捷键总结归纳出来，以供读者查询参考。

附录A Word 2010常用快捷键

功能键

按键	功能描述	按键	功能描述
F1	寻求帮助文件	F8	扩展所选内容
F2	移动文字或图形	F9	更新选定的域
F4	重复上一步操作	F10	显示快捷键提示
F5	执行定位操作	F11	前往下一个域
F6	前往下一个窗格或框架	F12	执行"另存为"命令
F7	执行"拼写"命令		

Ctrl组合功能键

组合键	功能描述	组合键	功能描述
Ctrl+F1	展开或折叠功能区	Ctrl+B	加粗字体
Ctrl+F2	执行"打印预览"命令	Ctrl+I	倾斜字体
Ctrl+F3	剪切至"图文场"	Ctrl+U	为字体添加下划线
Ctrl+F4	关闭窗口	Ctrl+Q	删除段落格式
Ctrl+F6	前往下一个窗口	Ctrl+C	复制所选文本或对象
Ctrl+F9	插入空域	Ctrl+X	剪切所选文本或对象
Ctrl+F10	将文档窗口最大化	Ctrl+V	粘贴文本或对象
Ctrl+F11	锁定域	Ctrl+Z	撤销上一操作
Ctrl+F12	执行"打开"命令	Ctrl+Y	重复上一操作
Ctrl+Enter	插入分页符	Ctrl+A	全选整片文档

Shift组合功能键

组合键	功能描述	组合键	功能描述
Shift+F1	启动上下文相关"帮助"或展现格式	Shift+→	将选定范围扩展至右侧的一个字符
Shift+F2	复制文本	Shift+←	左侧的一个字符
Shift+F3	更改字母大小写	Shift+↑	将选定范围扩展至上一行
Shift+F4	重复"查找"或"定位"操作	Shift+↓	将选定范围扩展至下一行
Shift+F5	移至最后一处更改	Shift+ Home	将选定范围扩展至行首
Shift+F6	转至上一个窗格或框架	Shift+ End	将选定范围扩展至行尾
Shift+F7	执行"同义词库"命令	Ctrl+Shift+↑	将选定范围扩展至段首
Shift+F8	减少所选内容的大小	Ctrl+Shift+↓	将选定范围扩展至段尾
Shift+F9	在域代码及其结果间进行切换	Shift+Page Up	将选定范围扩展至上一屏
Shift+F10	显示快捷菜单	Shift+Page Down	将选定范围扩展至下一屏
Shift+F11	定位至前一个域	Shift+Tab	选定上一单元格的内容
Shift+F12	执行"保存"命令	Shift+ Enter	插入换行符

附录B　Excel 2010 常用快捷键

功能键

按键	功能描述	按键	功能描述
F1	显示Excel 帮助	F7	显示"拼写检查"对话框
F2	编辑活动单元格并将插入点放在单元格内容的结尾	F8	打开或关闭扩展模式
F3	显示"粘贴名称"对话框，仅当工作簿中存在名称时才可用	F9	计算所有打开的工作簿中的所有工作表
F4	重复上一个命令或操作	F10	打开或关闭按键提示
F5	显示"定位"对话框	F11	在单独的图表工作表中创建当前范围内数据的图表
F6	在工作表、功能区、任务窗格和缩放控件之间切换	F12	打开"另存为"对话框

Ctrl组合功能键

组合键	功能描述	组合键	功能描述
Ctrl+1	显示"单元格格式"对话框	Ctrl+2	应用或取消加粗格式设置
Ctrl+3	应用或取消倾斜格式设置	Ctrl+4	应用或取消下划线
Ctrl+5	应用或取消删除线	Ctrl+6	在隐藏对象和显示对象之间切换
Ctrl+8	显示或隐藏大纲符号	Ctrl+9（0）	隐藏选定的行（列）
Ctrl+A	选择整个工作表	Ctrl+B	应用或取消加粗格式设置
Ctrl+C	复制选定的单元格	Ctrl+D	使用"向下填充"命令将选定范围内最顶层单元格的内容和格式复制到下面的单元格中
Ctrl+F	执行查找操作	Ctrl+K	为新的超链接显示"插入超链接"对话框，或为选定现有超链接显示"编辑超链接"对话框
Ctrl+G	执行定位操作	Ctrl+L	显示"创建表"对话框
Ctrl+H	执行替换操作	Ctrl+N	创建一个新的空白工作簿
Ctrl+I	应用或取消倾斜格式设置	Ctrl+U	应用或取消下划线
Ctrl+O	执行打开操作	Ctrl+P	执行打印操作
Ctrl+R	使用"向右填充"命令将选定范围最左边单元格的内容和格式复制到右边的单元格中	Ctrl+S	使用当前文件名、位置和文件格式保存活动文件
Ctrl+V	在插入点处插入剪贴板的内容，并替换任何所选内容	Ctrl+W	关闭选定的工作簿窗口
Ctrl+Y	重复上一个命令或操作	Ctrl+Z	执行撤销操作
Ctrl+ -	显示用于删除选定单元格的"删除"对话框	Ctrl+;	输入当前日期
Ctrl+Shift+(	取消隐藏选定范围内所有隐藏的行	Ctrl+Shift+&	将外框应用于选定单元格
Ctrl+Shift+~	应用"常规"数字格式	Ctrl+Shift+$	应用带有两位小数的"货币"格式（负数放在括号中）
Ctrl+Shift+%	应用不带小数位的"百分比"格式	Ctrl+Shift+#	应用带有日、月和年的"日期"格式

Ctrl+Shift+^	应用带有两位小数的科学计数格式	Ctrl+Shift+@	应用带有小时和分钟以及 AM 或 PM 的"时间"格式
Ctrl+Shift+!	应用带有两位小数、千位分隔符和减号 (-)的"数值"格式	Ctrl+Shift+"	将值从活动单元格上方的单元格复制到单元格或编辑栏中
Ctrl+Shift+:	输入当前时间	Ctrl+Shift+*	选择环绕活动单元格的当前区域
Ctrl+Shift+ +	显示用于插入空白单元格的"插入"对话框		

Shift组合功能键

组合键	功能描述
Alt+Shift+F1	插入新的工作表。
Shift+F2	添加或编辑单元格批注
Shift+F3	显示"插入函数"对话框。
Shift+F6	在工作表、缩放控件、任务窗格和功能区之间切换
Shift+F8	使用箭头键将非邻近单元格或区域添加到单元格的选定范围中
Shift+F9	计算活动工作表
Shift+F10	显示选定项目的快捷菜单
Shift+F11	插入一个新工作表
Shift+Enter	完成单元格输入并选择上面的单元格。

附录C　PowerPoint 2010常用快捷键

功能键及Ctrl组合功能键

组合键	功能描述	组合键	功能描述
F1	获取帮助文件	F2	在图形和图形内文本间切换
F4	重复最后一次操作	F5	从头开始运行演示文稿
F7	执行拼写检查操作	F12	执行"另存为"命令
Ctrl+A	选择全部对象或幻灯片	Ctrl+B	应用(解除)文本加粗
Ctrl+C	执行复制操作	Ctrl+D	生成对象或幻灯片的副本
Ctrl+E	段落居中对齐	Ctrl+F	打开"查找"对话框
Ctrl+G	打开"网格线和参考线"对话框	Ctrl+H	打开"替换"对话框
Ctrl+I	应用(解除)文本倾斜	Ctrl+J	段落两端对齐
Ctrl+K	插入超链接	Ctrl+L	段落左对齐
Ctrl+M	插入新幻灯片	Ctrl+N	生成新PPT文件
Ctrl+O	打开PPT文件	Ctrl+P	打开"打印"对话框
Ctrl+Q	关闭程序	Ctrl+R	段落右对齐
Ctrl+S	保存当前文件	Ctrl+T	打开"字体"对话框
Ctrl+U	应用(解除)文本下划线	Ctrl+V	执行粘贴操作
Ctrl+W	关闭当前文件	Ctrl+X	执行剪切操作
Ctrl+Y	重复最后操作	Ctrl+Z	撤销操作
Ctrl+Shift+F	更改字体	Ctrl+Shift+G	组合对象
Ctrl+Shift+P	更改字号	Ctrl+Shift+H	解除组合
Ctrl+Shift+"<"	增大字号	Ctrl+"="	将文本更改为下标(自动调整间距)
Ctrl+Shift+">"	减小字号	Ctrl+Shift+"="	将文本更改为上标(自动调整间距)